Eine Augenweide für Mußestunden.
Die Bilder wecken das Fernweh.
Zugeeignet von
Deiner Michaela 16.11.08

DAS EWIGE EIS

Text: Gerard Cheshire
Lektorat: Philip de Ste. Croix
Layout: Sue Pressley und Paul Turner

Parragon Books Ltd
Queen Street House
4 Queen Street
Bath BA1 1HE, UK

Übersetzung: Susanne Schmidt-Wussow, Berlin
Lektorat: Christine Weidenweber, Weibersbrunn
Satz und Projektmanagement: trans texas publishing, Köln

ISBN 978-1-4075-0945-7
Printed in China

DAS EWIGE EIS

Arktis und Antarktis

GERARD CHESHIRE

Parragon

Bath New York Singapore Hong Kong Cologne Delhi Melbourne

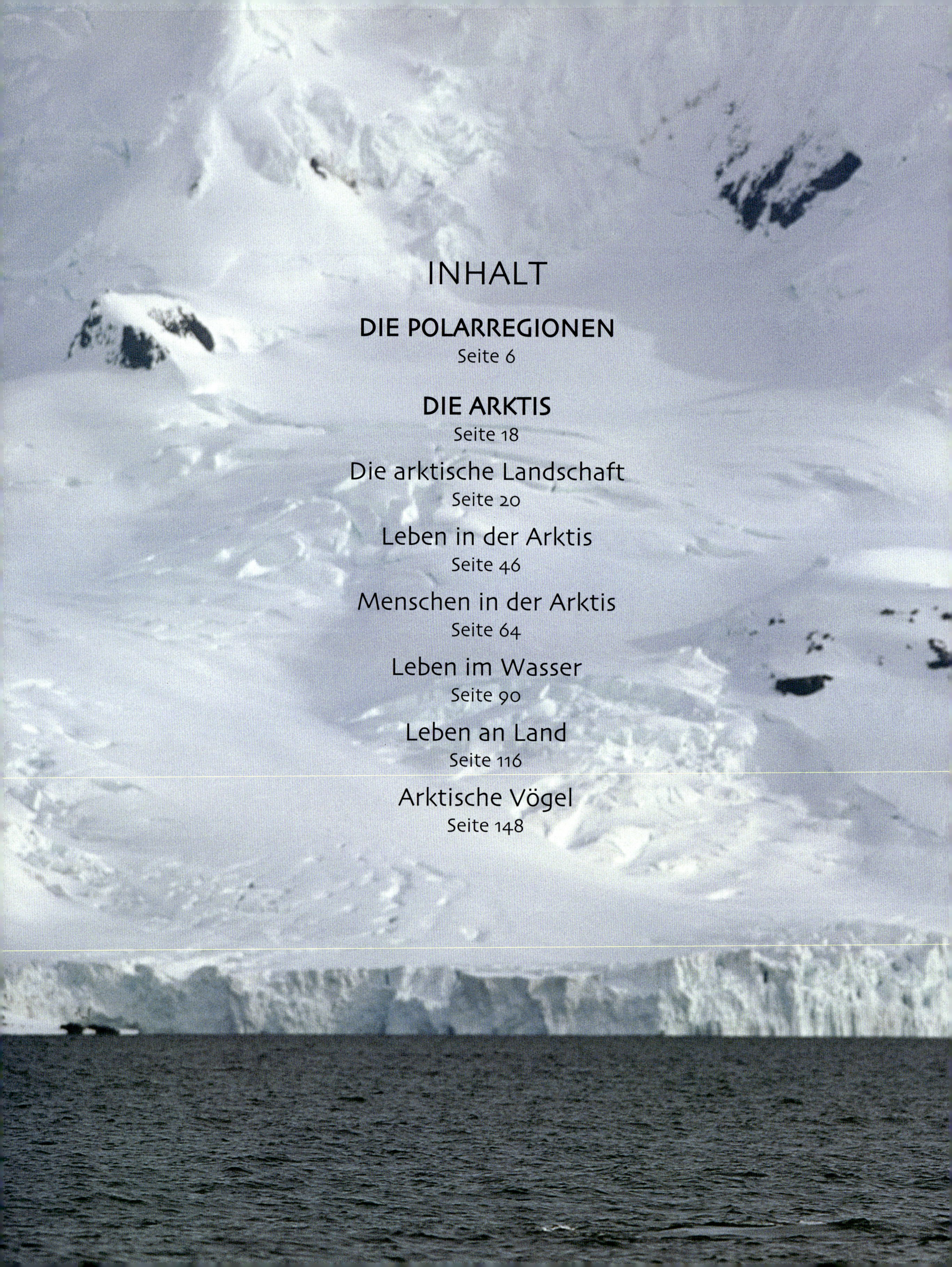

INHALT

DIE POLARREGIONEN

Um die außergewöhnlichen Umweltbedingungen in den beiden Polarregionen begreifen zu können, muss man Geometrie und Physik der Erdbewegung und der Erdbahn um die Sonne verstehen. Die Pole der Erde markieren den imaginären Durchstoßungspunkt der Rotationsachse durch die Erdoberfläche. Die Achse steht aber nicht senkrecht zur Umlaufbahn um die Sonne, sondern ist um 23° 26' geneigt, was zur Folge hat, dass die Menge des Sonnenlichtes, das die Polarregionen im Laufe eines Jahres erreicht, beträchtlich variiert und zu einem ausgeprägten Zeitrhythmus führt.

Drei Monate lang herrscht fast ununterbrochen Dunkelheit (Polarwinter), und weitere drei Monate lang gibt es fast durchgehend Tageslicht (Polarsommer). Sommer und Winter trennen zwei weitere Dreimonatsperioden, in denen die Dunkelheit langsam in Tageslicht übergeht (Polarfrühling) und das Tageslicht wieder in Dunkelheit (Polarherbst).

Die Zeitrhythmen der nördlichen und der südlichen Polarregion sind jeweils um sechs Monate versetzt – die Sommersonnenwende an einem Pol entspricht der Wintersonnenwende am anderen Pol und umgekehrt.

Die Polarregionen – Arktis und Antarktis – werden geografisch von imaginären Linien um den Globus definiert, dem nördlichen und dem südlichen Polarkreis. Sie verlaufen auf 66° 34' nördlicher bzw. südlicher Breite. Dieser Breitengradwinkel addiert sich mit dem Winkel der Erdneigung zu 90°. Das bedeutet, dass beide Kreise im Verhältnis zur Sonnenposition genau mit der „Oberseite" und der „Unterseite" des Planeten in einer Linie stehen. Nur innerhalb der Polarkreise scheint 24 Stunden lang die Sonne bei der Sommersonnenwende und herrscht 24 Stunden lang Dunkelheit bei der Wintersonnenwende.

Obwohl die Polarregionen im Verlauf eines Jahres ebenso viel Tageslicht bekommen wie jeder andere Teil der Erde, erhalten sie nicht dieselbe Menge Sonnenstrahlung, denn die Sonnenstrahlen treten in den Gebieten innerhalb der Polarkreise in einem schrägen Winkel durch die Atmosphäre und müssen deshalb eine dickere Atmosphärenschicht durchdringen. Ein großer Teil der Sonnenenergie wird von der Atmosphäre absorbiert und erreicht die Erde gar nicht. Das liegt daran, dass die Lichtpartikel, aus denen das Sonnenlicht besteht (auch elektromagnetische oder Sonnenstrahlung genannt), sich einen Weg durch eine große Anzahl von Luftmolekülen bahnen müssen. Dies erhöht für jedes Lichtpartikel die Wahrscheinlichkeit, mit einem Luftmolekül zu kollidieren und so seine Energie zu verbrauchen, bevor es die Erdoberfläche erreicht. Bedingt durch die geringere Sonnenenergie liegen die Durchschnittstemperaturen in den Polarregionen deutlich niedriger als woanders auf der Welt.

Vorherige Seite: Teil eines Eisberges vor der Küste der Antarktis. Eis unterliegt genau wie die Felswände an Küsten der Witterung und der Erosion. Wind, Regen, Sonne und Wellen haben hier das Eis langsam abgetragen, bis ein Teil herausbrach und ein Bogen stehen blieb.

Vergleichbare Gebiete, in denen relativ konstant Temperaturen nahe oder unter dem Gefrierpunkt erreicht werden, sind die größten Höhen (Berggipfel) und die geringsten Höhen (Ozeangräben), die wenig oder gar keine Sonnenstrahlung empfangen.

Dadurch steht wenig Energie zur Erwärmung von Gasen, Flüssigkeiten oder Feststoffen zur Verfügung, sodass Luft-, Boden- und Meerestemperaturen selten weit über 0 °C steigen.

Unter anderem aus diesen Gründen sind Polarregionen Lebensräume mit ganz eigenen Besonderheiten. Polartiere und -pflanzen haben sich an diese extremen Bedingungen, in denen Lebewesen aus wärmeren Gebieten niemals überleben könnten, angepasst und spezielle Strategien entwickelt, mit deren Hilfe sie bestehen können. Im Laufe dieses Buches werden wir noch mehr darüber erfahren.

Oben und gegenüber: Diese Bilder zeigen die Arktis (links) und die Antarktis (rechts) aus der Weltraumperspektive. Das weiße Eis der Arktis treibt größtenteils auf dem Arktischen Ozean, während das der Antarktis sich auf den Landmassen des gleichnamigen Kontinents türmt.

Oben: Im Hochsommer geht die Sonne in den Polarregionen nicht unter. Auf dem Bild sieht man eine Reihe von übereinandergelegten, zeitversetzten Fotografien, die zeigen, wie die Sonne am Horizont entlangzieht, ohne tatsächlich aus dem Blickfeld zu verschwinden. Das Ergebnis: Helligkeit bei Tag und Nacht.

Rechts: Der Mount Erebus auf der Rossinsel in der Antarktis ist der südlichste aktive Vulkan der Erde. Als James Clark Ross und seine Mannschaft ihn im Jahr 1841 entdeckten, wurden sie Zeuge eines Ausbruchs. Seine drei Schwestervulkane sind alle erloschen. Der Vulkan wurde nach dem Flaggschiff der Expeditionsflotte „Erebus" benannt. Gleichzeitig ist Erebos (Erebus) aber auch der Gott der Finsternis.

Oben: Zu Grönland gehört die Diskobucht. Der Legende nach gründete Erik der Rote, ein norwegischer Abenteurer, die erste nordische Siedlung in der Bucht und trieb dort Handel mit dem Volk der Inuit. Seit einer Temperaturverschiebung im 15. Jahrhundert ist die Bucht wegen des ganzjährigen Eises unzugänglich.

Links: Schneebedeckte Berge in Lappland, einer Gegend im Norden von Schweden. Die Ähnlichkeit mit den gefrorenen Gebirgszügen der Antarktis ist nicht zu übersehen, ein Beispiel dafür, wie sehr sich die Landschaften in den Polarregionen gleichen.

Vorherige Seiten: Den Übergang vom Nadelwald zur alpinen Zone bezeichnet man als Baumgrenze. Hier weicht die Baumvegetation aufgrund der Höhe einem alpinen Bewuchs. Dieses Bild wurde in Alaska aufgenommen; in vielen subpolaren Gebirgszügen sowohl auf der Nord- als auch auf der Südhalbkugel sind ähnliche Übergänge zu beobachten.

Oben: Solch „schmutzig" erscheinendes Eis ist typisch für Eis, das von einem Gletscher stammt. Der Schmutz besteht gewöhnlich aus Felspartikeln, die vom Gletscher auf seinem Weg zur Küste aus dem Boden losgeschlagen wurden. Das Material bleibt schließlich als sogenannter Moränenschutt liegen.

Oben: Eisberge sind Teile von Gletschern, die abgebrochen und aufs Meer hinausgetrieben sind. Mit der Zeit schmelzen sie auf charakteristische Weise zusammen. Das unter Wasser befindliche Eis wird weniger, bis der Eisberg kopflastig ist. Dann dreht er sich, um den neuen Schwerpunkt auszugleichen.

Rechts: Eine Eisklippe wie von Hand gemeißelt. Tatsächlich wurde sie von Gezeiten und Querwinden ausgewaschen, was ihr ein terrassenartiges Aussehen verlieh. Mehrere Brocken sind weggebrochen, da das tragende Eis darunter nicht mehr intakt war.

Rechts: Die gewaltigen Eisklippen in der Antarktis bestehen noch nicht lange genug, um der Erosion durch die Elemente anheimgefallen zu sein. Stattdessen haben sie die Gestalt jungfräulicher Felsklippen, frisch entblößt durch das Wegbrechen von Teilen – ein Vorgang, der als „Kalben" bekannt ist. Tiefe vertikale Risse deuten auf bevorstehendes Kalben hin.

DIE ARKTIS

Auf den ersten Blick scheinen Arktis und Antarktis sich zu ähneln: einheitlich weiß, extrem kalt, unwirtlich. Während sich aber recht große Gebiete Nordamerikas, Europas und Asiens in den nördlichen Polarkreis erstrecken, ist im südlichen Polarkreis nur der Kontinent Antarktika selbst zu finden. Die Arktis ist gekennzeichnet durch unterschiedlichste Lebensräume auf dem Land, die wiederum eine große Vielfalt von Landlebewesen aufweisen. Der unumstrittene Herrscher der Arktis ist allerdings der Eisbär – etwas Vergleichbares lässt sich in der Antarktis nicht finden.

Die geografischen Bedingungen haben es zugelassen, dass sich verschiedene charakteristische Kulturen in den jeweiligen Ländern des nördlichen Polarkreises angesiedelt haben, während man in Antarktika nur einige abenteuerlustige Touristen und eine wissenschaftliche Gemeinschaft findet, die für lebenswichtige Ausrüstung und Hilfe auf eine externe Nachschublinie angewiesen ist. Auch die Flora könnte unterschiedlicher nicht sein: In der Arktis gibt es Bäume und Tundra, Antarktika ist geprägt von Moosen, Leberblümchen und Flechten.

DIE ARKTISCHE LANDSCHAFT

Anders als die Antarktis, die den Kontinent Antarktika mit einschließt, gibt es keinen arktischen Kontinent, also nichts, was wir im gleichen Sinn „die Arktis" nennen könnten. Am Pol befindet sich nur der Arktische Ozean, um den etwa kreisförmig die nördlichsten Küsten und Inseln der drei Kontinente Nordamerika, Europa und Asien angeordnet sind.

Politisch gesehen haben Kanada, Dänemark (Grönland), Norwegen, Russland und die USA (Alaska) Küstenlinien in der Arktis. Zusätzlich besitzen Schweden und Finnland arktische Gebiete. Island liegt außerhalb des nördlichen Polarkreises und belegt nur einen winzigen Teil des arktischen Gebietes.

Überraschenderweise hat der nördliche Polarkreis keinen festen Breitengrad. Er verschiebt sich, ebenso wie der südliche Polarkreis, im Laufe der Zeit. Grund hierfür ist die Nutation, eine periodische Schwankung der Erdachse. Während der kurzen Nutationsperiode von 18,6 Jahren schwankt die Neigung um mehr als etwa 9' (0,15°), was einer Verschiebung von 280 m oder 15 m pro Jahr auf der Oberfläche entspricht. Die lange Nutationsperiode umfasst 41 000 Jahre mit einer Schwankung von 41' und einer Verschiebung von 76 km oder 1,85 m pro Jahr.

Obwohl diese Nutationsverschiebungen eher unbedeutend erscheinen, wirken sie sich auf die Sonnenstrahlung aus, die von der Erde absorbiert wird. Gegenwärtig schrumpfen die Polarregionen, weil die Achse sich aufrichtet. Das bedeutet, dass die Erdoberfläche steigenden Mengen von Sonnenstrahlung unterworfen ist, was bei der Erderwärmung zweifellos eine Rolle spielt.

Auch Perturbationen der eigentlichen Umlaufbahn der Erde um die Sonne können Verschiebungen der Breitengrade der Polarkreise zur Folge haben. Aufgrund der Anziehungskraft der anderen Planeten kreiselt die Erdbahn wie ein Hula-Hoop-Reifen um die Taille einer Turnerin. Dadurch schwankt die Bahn zwischen kreisförmigen und elliptischen Formen, sodass der Abstand der Erde zur Sonne variiert.

Von Bedeutung ist außerdem, dass es einen geografischen und einen magnetischen Nordpol gibt. Der Erdkern besteht im Wesentlichen aus Eisen, das bei extrem hohen Temperaturen flüssig ist, sich zur Erdkruste hin aber wieder abkühlt. Die dadurch entstehenden Dichteunterschiede werden durch Konvektionsbewegungen ausgeglichen. Das heiße Eisen steigt spiralförmig auf, es verhält sich wie ein elektrischer Strom und erzeugt auf diese Weise ein Magnetfeld – das Magnetfeld der Erde. Die auf dem Kompass abgelesenen Messwerte für dieses Feld zeigen jedoch deutlich, dass die Rotationsachse des Erdkerns nicht genau mit der Erdachse übereinstimmt.

Darüber hinaus zeigt diese Rotationsachse eine weitaus drastischere Nutation als die Erdachse. Der magnetische Nord- und

Oben: Eine solche schmutzig aussehende Eisfläche entsteht häufig, wenn sich in der Nähe ein aktiver Vulkan befindet. Der Ascheregen nach Vulkanausbrüchen wird als Pyroklastica bezeichnet. Die Partikelgröße reicht von feiner Asche bis zu Lavabrocken, die während des Fluges durch die Luft erstarrt sind.

Vorherige Seite: Wegen der hohen Lage fällt Niederschlag in den Bergen immer in Form von Schnee und nicht als Regen. Gletscher werden daher ständig mit neuen Schneeschichten bedeckt, die sich aufgrund ihres eigenen Gewichts nach und nach zu Eis verdichten. Man kann sich Gletscher als ewige Fließbänder mit Eis vorstellen, die von den Bergspitzen in die Vorgebirge verlaufen.

Südpol sind seit Beginn des 19. Jahrhunderts um über 12° Länge und 15° Breite gewandert. In dieser Zeit hat sich ihre Bewegung von rund 10 km auf 40 km pro Jahr beschleunigt.

Geologen haben außerdem durch die Untersuchung der magnetischen Ausrichtung von Erstarrungsgestein nachgewiesen, dass die magnetischen Pole sich im Laufe der Geschichte des Planeten schon immer stark verschoben haben und sich die magnetische Polarität der Erde zeitweise sogar umgekehrt hat.

Mit Sicherheit beeinflussen sich die Nutationsbewegungen, obwohl man dieses Phänomen bislang nicht vollständig versteht. Dennoch müssen sie einen Einfluss auf die Veränderungen ausgeübt haben, die für die Polarkreise verzeichnet sind. Wenn sie sich im Einklang befinden, können sie ein Ausdehnen oder Zusammenziehen beider Polarregionen um bis zu 1,5 Mio. km^2 verursachen. Das entspricht ungefähr der Fläche von Westeuropa, die die Polarregionen verlieren oder gewinnen. Das Wachsen und Schrumpfen der Polarregionen beeinflusst maßgeblich unser Klima. Der Beweis dafür sind die Eiszeiten (Glaziale) und Warmzeiten (Interglaziale).

Links: Island – eine Polarregion mit vulkanischen Aktivitäten. Die Gletscher werden durch Asche verschmutzt, die Eis und Schnee grau oder sogar schwarz färbt. Durch die langsame Bewegung der Gletscher können im Laufe der Zeit Schuttteilchen eingelagert werden, die ebenfalls zu Verfärbungen und Verunreinigungen führen.

Folgende Seiten: Vulkanische Aktivitäten können zur Freisetzung der spektakulären Wasserstrahlen führen, die als Geysire bekannt sind. Durch Risse in der Erdkruste kann das Wasser in Regionen mit sehr heißem Gestein einsickern. Wenn dieses Wasser den Siedepunkt erreicht, wird durch die Ausdehnung des Wasserdampfes eine Fontäne heißen Wassers gen Himmel geschleudert.

Links: Wenn Vulkane erloschen, füllen sich ihre Krater mit Regenwasser und Schnee und bilden Vulkanseen. Diese Seen können über lange Zeiträume flüssig bleiben, bis die gelösten Gase entwichen sind. Wenn sie dann gefrieren, bildet sich „blaues Eis". Für Wissenschaftler ein wahres Forschungsparadies.

Gegenüber: Dieses seltene Ereignis wird subglaziale Eruption genannt: Ein Vulkan bricht aus und sprengt dabei einen Gletscher. Die Gesteinschmelze erstarrt aber sofort beim Kontakt mit dem Eis, sodass keine Lava austritt. In der Folge steigt eine Wolke aus Rauch und Asche zusammen mit verdampftem Eis (Wasserdampf) hoch in den Himmel. Auch der nächste Regen ist noch durch den in die Luft geschleuderten Vulkanschutt verunreinigt.

Unten: Wo die Felsen aufgrund vulkanischer Aktivitäten erhitzt werden, spricht man von Erdwärme. Dieses Bild zeigt eine heiße Quelle in Island. Die Farben sind auf abgelagerte Mineralien zurückzuführen, die im Wasser gelöst sind und so an die Oberfläche gelangen, wo auch spezifische Bakterien gedeihen.

KLIMATISCHE BEDINGUNGEN

Eis prägt die Landschaft und das Meer der Arktis fast das ganze Jahr hindurch.

Der Arktische Ozean ist von einer riesigen Eisfläche bedeckt, die in ihrer Ausdehnung nur wenig von den Temperaturschwankungen des arktischen Winters und Sommers beeinflusst wird. Aufgrund von Konvektionsströmungen im Wasser unter dem Eis und Winden in der Luft darüber ist sie ständig in Bewegung.

An den Rändern bricht das Eis in Schollen ab, die in offenes Gewässer treiben und zeitweilig wie Inseln anmuten. Zu ihnen gesellen sich Eisberge, Abkömmlinge der vielen Gletscher, die das Meer an der arktischen Küste erreichen, nachdem sie sich Hunderte oder Tausende von Jahren zentimeterweise aus den Tälern im Binnenland vorgearbeitet haben.

Manche Inseln und Küsten sind permanent mit Eisplatten überzogen – besonders Grönland und andere Gebiete, die dem geografischen Nordpol am nächsten sind. Zu keiner Zeit des Jahres ist die Sonnenenergie stark genug, um das Eis zu schmelzen. In anderen Teilen der Arktis schmilzt die Schicht aus Eis und Schnee während des arktischen Frühlings und Sommers.

Oben: Dieses Foto illustriert deutlich, wie sich Gletscher über lange Zeiträume hinweg bilden. Die Färbung des Eises lässt Schichten erkennen, die sich über Jahrhunderte abgelagert haben.

Rechts: Dieser Gletscher endet auf dem Land, statt ins Meer zu fließen. Dies wird als Indiz für die Erderwärmung angesehen, da die Gletscherzungen sich mit jedem Jahr weiter zurückziehen.

Nur wenige Zentimeter unter der Oberfläche bleibt der Boden jedoch hart gefroren. Dieser Zustand wird als Dauerfrostboden oder Permafrost bezeichnet.

Es dauert sehr lange, bis die Sonnenenergie so hoch ist, dass in der Arktisregion an Land wie draußen auf dem Meer ein Auftauprozess beginnt. Eis und Schnee sind hochreflektierende Oberflächen und absorbieren die Sonnenstrahlen daher nicht ohne Weiteres. Dadurch zeigt Sonnenschein erst nach einer langen Zeit eine Tauwirkung. Tatsächlich beginnt diese Wirkung erst einzusetzen, wenn die Luftmoleküle anfangen, sich zu erwärmen, und ihr Kontakt mit dem Eis ausreichend Energie überträgt, um es aufzutauen.

Hat die Wirkung jedoch erst einmal eingesetzt, ist eine deutliche Beschleunigung der Taugeschwindigkeit zu beobachten – vergleichbar mit einem „Schaukeleffekt". Dazu kommt es, weil die eisfreie Meeres- und Landoberfläche in der Regel die Sonnenstrahlung nicht reflektiert, dadurch Energie absorbiert und sich erwärmt. Durch die oben zirkulierende warme Luft und das warme Wasser oder Land von unten schmilzt das Eis zunehmend schnell.

Umgekehrt wird die absorbierte Energie rasch an die Luft abgegeben und fortgetragen, sobald die Sonnenstrahlung in den Herbstmonaten abnimmt. Das rührt daher, dass weder Meer noch Land in den warmen Monaten sehr viel Wärmeenergie speichern können. Nur in den oberen Schichten des Meerwassers steigt die Temperatur knapp über den Gefrierpunkt. Das Land erwärmt sich zwar sehr viel stärker als das Meer, aber auch hier ist nur eine sehr dünne Bodenschicht über dem Permafrostboden betroffen.

Wissenschaftler gestehen ein, dass Eiszeiten sehr schnell über die Erde kommen könnten, da es nur einiger kalter Sommer bedarf, damit sich genügend Schnee und Eis anhäuft, um das klimatische Gleichgewicht zu kippen. Dies kann schon nach einem leichten Abfall der Jahresdurchschnittstemperaturen geschehen, beispielsweise durch einen großen Vulkanausbruch, der riesige Mengen an Staub in die Atmosphäre schleudert.

Neben dem Sonnenlicht sind die einzigen anderen wichtigen Quellen für Umgebungswärme Vulkanaktivitäten und Meeresströme. Island besteht vollständig aus Erstarrungsgestein, das aus

Links: Luftaufnahme eines riesigen u-förmigen Gletschertals in Alaska. Mehrere kleinere Gletscher speisen den Hauptgletscher und bilden Hängetäler an den Seiten.

Unterseevulkanen emporgeschleudert wurde. Es liegt auf einer Verwerfungslinie zwischen zwei tektonischen Platten, und durch unterirdische Bewegungen kann geschmolzenes Gestein (Magma) durch die Erdkruste hervortreten.

Die Insel zeigt heute noch vulkanische Aktivitäten, darunter heiße Quellen und Geysire, die durch unterirdische aufgeheizte Wasserläufe entstehen.

Sowohl im Pazifik als auch im Atlantik gibt es zirkulierende Wasserströmungen, die sogenannten Driften. Der Pazifik verfügt nur über einen schmalen Eingang – die Beringstraße – in den Arktischen Ozean, aber der Atlantik fließt an einer viel breiteren Stelle – dem Europäischen Nordmeer – in den Arktischen Ozean und bringt dabei Wärme in den Norden.

Obwohl beide Pole jedes Jahr derselben Menge an Sonnenstrahlung ausgesetzt sind, unterscheiden sich die klimatischen Bedingungen doch erheblich voneinander.

Der Großteil der arktischen Küste gehört zu den Kontinenten Nordamerika und Asien. Bei beiden handelt es sich um große Landmassen, die sich bis in Subäquatorialgebiete in Richtung Süden erstrecken. Luftströme über diesen Kontinenten werden erwärmt und ziehen dann nordwärts, wo sie der Arktis Wärmeenergie liefern. Dies hat eine bedeutende Auswirkung auf die Umweltbedingungen innerhalb des nördlichen Polarkreises.

Die einzige Landmasse mit einem wirklich polaren Klima ist Grönland, eine große, meerumspülte Insel. In Grönlands Landesinnerem bleiben die Temperaturen das ganze Jahr über unter dem Gefrierpunkt und reichen von –5 °C im Sommer bis –35 °C im Winter. Daher fällt über Grönland niemals Regen, sondern nur Schnee, ebenso wie über der Eisfläche am Nordpol.

An der Ost-, West- und Südküste Grönlands herrscht dasselbe Klima wie an den Nordküsten von Nordamerika und Asien, das sogenannte Tundrenklima. In diesen Regionen taut der Boden gewöhnlich im Frühling und Sommer auf, sodass für einige Monate auch Regen fällt. Flora und Fauna dieser Gebiete sind deshalb hier viel artenreicher als in den Polarregionen. Die Temperaturen erreichen im Sommer etwa 10 °C, im Winter –20 °C.

Im Übergangsgebiet zwischen Tundra und gemäßigter Zone ist die boreale Waldzone zu finden. Die Klimabedingungen werden zunehmend besser, die Pflanzen- und Tierwelt immer vielfältiger. Regen- und Schneemengen sind in der Übergangszone im Jahresmittel meist höher, wobei mehr Regen als Schnee fällt.

In Alaska und Norwegen gibt es auch Gebirgszüge mit Hochgebirgsklima. Im Wesentlichen ähneln die Lebensräume

dort denen der Tundra. Allerdings herrscht aufgrund der hohen Lage auch in den Sommermonaten Permafrost, wenn die umliegenden Gebiete aufgetaut sind.

In der gesamten Arktis können sehr starke Winde und Schneestürme auftreten, besonders in den Wintermonaten. Der Grund dafür liegt in den Konvektionsströmen zwischen Kaltluftzonen im Norden und Warmluftzonen im Süden. Extreme Lufttemperaturen führen zu extremen Luftdruckverhältnissen, und die kalte Luft sinkt mit solcher Energie unter die warme Luft, dass dabei Winde in Sturmstärke entstehen. Die berühmten „Nordwinde" werden von diesen Kaltluftfronten verursacht.

Oben: Diese offene Felswand enthält einige der ältesten bekannten Gesteinsarten auf dem Planeten. Die Formation in Grönland heißt Isua Greenstone Belt (Isua-Grünsteingürtel). Grünstein ist eine etwa 3,8 Mrd. Jahre alte Mischung aus Sediment- und Vulkangestein, in der sich Hinweise auf die Ursprünge des Lebens befinden könnten.

Links: Trotz ihrer offensichtlichen Unwirtlichkeit fühlt sich der Eisbär in dieser Landschaft wohl. Dank seiner besonders kräftigen Beine und der robusten Pfoten und Krallen kann er auf vereisten Oberflächen herumklettern, die für einen Menschen selbst mit Eisstiefeln und Eishacken unpassierbar sind.

Vorherige Seiten: Das Eis von Gletschern ist verschiedenen Kräften unterworfen. So können seltsam anmutende Formationen entstehen, in denen das Eis sich teilt und aufbricht, wenn der Gletscher sich über dem darunterliegenden Gestein verdreht und krümmt.

Unten: Brechen Eisstücke von der Gletscherzunge ab, spricht man vom „Kalben", weil es so plötzlich geschieht, wie ein neugeborenes Kalb zu Boden fällt.

Oben: Eisberge entstehen aus Gletschern (siehe Bild). Eisschollen sind dagegen flachere Eisstücke, die von Packeisflächen abbrechen. Sie bilden sich auf der Wasseroberfläche.

Rechts: Der Vatnajökull-Gletscher in Island ist flächenmäßig der zweitgrößte Gletscher Europas und bedeckt mehr als 8 % des Landes. An seinem Ende – hier teilweise zu sehen – ist er 130 km breit. Seine Eisschicht ist durchschnittlich 800 m dick.

Oben: Manchmal wirken natürliche Eisformationen so plastisch, dass sie an die Arbeit moderner Bildhauer erinnern. Dieser Eisblock in einem Gletschersee sieht aus wie eine riesige abstrakte ruhende Figur aus Stuckgips, bereit für den Bronzeguss.

Rechts: Süßwasser bleibt hart gefroren, während das umgebende Meerwasser flüssig ist. Der Grund: Das Salz im Meerwasser senkt den Gefrierpunkt auf unter 0 °C. Zusätzlich entsteht durch die Bewegung der Wellen Energie, die in Wärme umgesetzt wird.

Oben: Fruchtstand von Scheuchzers Wollgras, das zur Familie der Riedgräser gehört. Jeder Samen ist mit baumwollartigem Flaum ausgestattet und kann so durch die Luft schweben und sogar über offenes Wasser gleiten.

Links: Der Frühling bringt eine Flut von Farben in das arktische Alaska. Die Blütenpflanzen beeilen sich mit dem Erblühen, um Insekten anzulocken, die sie bestäuben. Diese Szenerie wird von den kirschroten Blüten einer arktischen Wicke beherrscht, der Süßholzwurzel.

Folgende Seiten: Im kanadischen Yukon ist die Herbstfärbung ebenso berauschend wie die Frühlingsblüten. Binnen Kurzem wird sie unter einer frischen Schneedecke verborgen sein.

DAS NORDLICHT

Zu bestimmten Zeiten im Jahr ist ein wunderschönes Phänomen am Himmel über den Arktisgebieten zu sehen, bekannt als Nordlicht. Dasselbe Phänomen tritt auch in der Antarktis auf und heißt dort Südlicht. Polarlichter werden durch die Interaktion zwischen geladenen Sonnenteilchen und Atomen in der oberen Atmosphäre verursacht. Wenn die Partikel und Atome kollidieren, wird Energie in Form von Licht freigesetzt. Unzählige Milliarden dieser Kollisionen führen zu vielfarbigen Lichtspektakeln am nächtlichen Himmel. Die Farben bestehen überwiegend aus Rot- und Grüntönen, aber durch wechselnde Wellenlängen kann auch ein Kaleidoskopeffekt entstehen, bei dem Blau-, Gelb- und Weißtöne sichtbar werden.

Der Grund, warum diese Lichter in den Polarregionen auftreten, liegt darin, dass die Sonnenstrahlung, oder der Sonnenwind, wie er wissenschaftlich genannt wird, durch elektromagnetische Anziehung zu den magnetischen Polen geschleust wird, sodass die geladenen Teilchen in diesen Gebieten eine hohe Konzentration erreichen. In der Folge hat das Polarlicht typischerweise die Form eines Bogens oder Hufeisens, dessen Scheitelpunkt auf den magnetischen Pol ausgerichtet ist. Das Licht selbst kann verschiedene Formen annehmen, beispielsweise Bögen, Bänder, Koronen, Vorhänge und Strahlen, die sich mit bemerkenswerter Geschwindigkeit und Anmut bewegen.

Rechts: Polarlichter bewegen sich mit großer Geschwindigkeit über den Himmel, weil die Photonen aus der Sonne mit Lichtgeschwindigkeit unterwegs sind; Photonenwellen können sich daher in einem Augenblick von einem Ort zum anderen bewegen, wo sie mit geladenen Teilchen reagieren und Licht freisetzen.

LEBEN IN DER ARKTIS

Die Tiere der Arktis haben eine Reihe von Strategien entwickelt, um in dieser unwirtlichen Region zu überleben. Manche Arten fallen in den Winterschlaf, wenn das Wetter zu rau wird. Bei anderen wird der Winterschlaf gelegentlich von Aktivitätsperioden unterbrochen. Wieder andere ziehen von der Arktis in wärmere Gebiete im Süden. Nur die anspruchslosesten bleiben das ganze Jahr über aktiv und standorttreu.

ÜBERLEBENSSTRATEGIEN

Die vielleicht einfachste Strategie, den arktischen Winter zu überleben, besteht darin, sich ein geeignetes Versteck zu suchen, die Vitalfunktionen herunterzufahren und den Winter zu verschlafen. Man unterscheidet zwischen Winterstarre, Winterruhe und Winterschlaf. Der Oberbegriff dafür lautet Hibernation.

Im Winterschlaf verlangsamen die Tiere ihren Stoffwechsel, um ihre Energiereserven zu schonen. Ihre Körpertemperatur fällt stark ab, und ihre Herzfrequenz sinkt drastisch auf wenige Schläge pro Minute. Um in den Winterschlaf fallen zu können, müssen diese Tiere sich im Spätsommer, wenn es reichlich Nahrung gibt, Fettreserven anfressen. Das Fett unter der Haut ist ihre einzige Energie- und Nährstoffquelle, bis es im Frühling wieder wärmer wird. Das bedeutet auch, dass sie eine sehr effektive Isolierung in Form von Pelz, einer dicken Fettschicht und einem guten Schlafplatz mit einem warmen Lager brauchen, das vor den Elementen geschützt ist. Meistens wird der Winterschlaf in einer sicheren Höhle oder Felsspalte gehalten.

Manche Tiere fressen sich für den Winterschlaf eine möglichst dicke Fettschicht an, müssen aber im Laufe des Winters dennoch ihre Energievorräte mit Nahrung ergänzen. Für diesen unterbrochenen Winterschlaf müssen sie sich in den Ruhezustand begeben und aus ihm erwachen können, wenn es nötig ist. Als Schlafplätze werden dann Orte gewählt, an denen die Tiere in einer Wachphase auch im strengsten Winter schnell Nahrung finden können. Auch das Einlagern von Nahrung in Verstecken vor Wintereinbruch ist eine sehr nützliche Methode, mit deren Hilfe die Tiere ihre Energiereserven nach Bedarf aufstocken können.

Eine andere Strategie besteht darin, vor den Wintermonaten fortzuziehen. Dies wird Migration genannt, nach dem lateinischen Wort *migrare* für „wandern" oder „wegziehen". Durch die Luft, zu Wasser oder zu Land ziehen Tiere an wärmere Orte.

Manche Arten ziehen nur eine kurze Strecke in Richtung Süden, um dem schlimmsten arktischen Winterwetter zu entgehen, während andere weit entfernte Länder aufsuchen. Die Migrationsleistung wird hauptsächlich vom Speiseplan der ziehenden Tiere bestimmt.

Vorherige Seite: Eisbären können aufgrund des niedrigen Verhältnisses von Körpermasse zu Körperoberfläche Wärme gut halten, mit den großen Pfoten laufen sie bequem im Schnee, und ihr Fell bietet Tarnung.

Rechts: Schneegänse ziehen wie viele andere Zugvögel in V-förmigen Schwärmen (Keilformation). Die Flügel des vorausfliegenden Vogels erzeugen einen Sog, von dem die Nachzügler mitgezogen werden.

Andererseits bietet ihnen die Arktis einen beträchtlichen Anreiz, jedes Jahr zurückzukehren: Nahrung in Hülle und Fülle für sie und ihre Jungen in der Fortpflanzungsperiode.

Überwiegend sind es die größeren Tiere, die weder Winterschlaf halten noch im Winter die Arktis verlassen. Sie können regelmäßig genügend Futter zum Überleben finden. In der Tat lässt sich auch die einheimische menschliche Bevölkerung der Arktis zu dieser Gruppe zählen. Bei ihrer Entdeckung lebten sie in einem ebenso „wilden" oder „natürlichen" Zustand wie jede andere einheimische Bevölkerungsgruppe auf der Erde. Alles, was sie zum Leben brauchten – Waffen, Werkzeuge und Bekleidung –, bestand aus Teilen der Tiere, die sie jagten und erlegten.

FORTPFLANZUNGSSTRATEGIEN

Die erfolgreiche Fortpflanzung ist für Flora und Fauna gleichermaßen eine Sache des richtigen Zeitpunktes. Für kleinere Säugetiere, Vögel, Reptilien und Amphibien gibt es dafür nur ein kleines Zeitfenster, den kurzen arktischen Sommer. Sobald das Wetter im Spätfrühling milder wird, müssen sie sich schnellstens daranmachen, ein Revier abzustecken, einen Partner zu finden und sich fortzupflanzen, damit die Jungen von dem reichlichen Nahrungsangebot im Sommer profitieren können. In ähnlicher Weise müssen Pflanzen blühen und bestäubt werden.

Das Ziel von Tieren und Pflanzen besteht darin, ihren Fortpflanzungszyklus vor Herbstanbruch zu beenden, damit die Nachkommen fortziehen oder sich verbreiten können.

Der Speiseplan der arktischen Fauna ist oft komplexer, als die Begriffe „Fleischfresser", „Pflanzenfresser" und „Allesfresser" annehmen lassen, wobei viele Arten auf das Vorhandensein bestimmter Nahrungsquellen angewiesen sind. So spezialisieren sich beispielsweise manche Tiere auf Insekten, Spinnen und andere Wirbellose, während andere sich von Samen, Früchten oder Nüssen ernähren. Manche Insekten ernähren sich von Nektar, andere fressen Blätter, saugen Pflanzensaft oder fressen

Holz. Bekannt sind außerdem Arten, die sich ausschließlich von Wurzeln, Gräsern oder Pilzen ernähren.

Die meisten als Fleischfresser oder Pflanzenfresser bezeichneten Tiere sind bis zu einem gewissen Grad Allesfresser. Daher ergänzen Fleischfresser ihren Speiseplan gelegentlich instinktiv mit pflanzlicher Nahrung, und Pflanzenfresser tun umgekehrt dasselbe, indem sie zufällig Wirbellose mit den Pflanzen aufnehmen.

Die Fortpflanzungszeit der größeren arktischen Säugetiere ist zwar ebenfalls abhängig von den Jahreszeiten, dennoch haben sie etwas andere Strategien entwickelt. Je größer eine Säugetierart ist, desto länger dauert in der Regel die Trächtigkeit. Das bedeutet, dass große Säugetiere sich in den Herbst- oder Wintermonaten paaren müssen, damit die Geburt in den folgenden Frühling fällt. Auf diese Weise verschaffen sie ihren Jungen die besten Chancen, sich in den Sommermonaten ausreichend zu entwickeln, um den nachfolgenden Winter zu überleben.

Das größte Problem der arktischen Fauna ist das Fehlen flüssigen Wassers. Die Pflanzen brauchen fließendes Wasser, damit ihr Gefäßsystem funktioniert und sie Nährstoffe aufnehmen, wachsen und sich fortpflanzen können.

Oben: Eisbärenweibchen gebären ihre Jungen während der Wintermonate in Eishöhlen. So können die Jungen die Nahrungsschwemme in den Frühlings- und Sommermonaten voll ausschöpfen.

Links: Junge Robben werden mit der nährstoffreichsten Milch aller Säugetiere versorgt. Dadurch können sie schnell wachsen und eine dicke Speckschicht als Schutz vor den Wintertemperaturen anlegen.

Viele Pflanzen müssen ebenso wie Farne und Pilze bis zur Schneeschmelze im Frühling warten, bevor sie aus Sporen, Samen oder Wurzelstöcken zum Leben erwachen können. Die Sommerwärme nutzen sie dann aus, um ihren Lebenszyklus zu vollenden, bevor sie mit der Rückkehr der Kälte absterben.

Ein- und mehrjährige Pflanzen wachsen in der Arktis meist langsam und sind vor eisigen Winden geschützt, die in der Wachstumsperiode sonst ihre zarten Triebe zerstören würden.

Manche Pflanzen haben eine besondere Form des Kälteschutzes entwickelt: Sie produzieren Saft mit einem niedrigeren Gefrierpunkt als Wasser. Er enthält gelöste Stoffe, die als Frostschutzmittel fungieren. Das verhindert die Ausdehnung des Wassers und die Bildung von Eiskristallen in den Pflanzenzellen, was die Zerstörung der Zellwände zur Folge hätte.

Viele holzige Pflanzen haben ein flaches Wurzelwerk, um die dünne Bodenschicht mit flüssigem Wasser über dem Dauerfrostboden optimal zu nutzen. Koniferen haben nadelförmige Blätter mit einer verringerten Oberfläche und schränken auf diese Weise die Verdunstung über die Blattoberfläche ein. Außerdem sind sie immergrün und müssen dadurch keine wertvollen Energiereserven anzapfen, um ihre Blätter in jedem Jahr aufs Neue wachsen zu lassen. Auf diese Weise können sie auch sehr früh in der Wachstumsperiode mit der Fotosynthese beginnen und diese auch bis spät im Jahr fortsetzen.

Oben: Hier ergänzt ein Elchkalb seine Milchnahrung mit den Blüten und Trieben einer verbreiteten Pflanze des Nordens, des Schmalblättrigen Weidenröschens.

Rechts: Diese Hirschart ist in Amerika als Karibu bekannt und in Nordeuropa als Rentier. Das sehr robuste Tier ernährt sich von Tundrapflanzen.

Oben: Dieser purpurrote Steinbrech ist eine typische Pflanze der Arktis. Der Bodendecker wird nur wenige Zentimeter hoch, bildet aber ausgedehnte Polster. Dadurch bleibt er vor dem schlimmsten Wetter geschützt, ist aber gleichzeitig der größtmöglichen Menge an Sonnenlicht ausgesetzt.

Rechts: Die wunderschöne Blüte des Islandmohns. Dieser helle kräftige Orangeton ist die typische Färbung, gelegentlich findet man auch Weiß-, Gelb-, Dunkelorange- und Rottöne.

Gegenüber: Diese auffälligen gelben Blüten gehören zur Nelkenwurzart *Geum glaciale*. Die Pflanze beginnt bereits zu blühen, während noch Schnee liegt. Die dunklen Blätter erwärmen sich im Sonnenlicht, sodass die Pflanze einen Schneefleck freischmilzt. Dann schieben sich die Blütenknospen nach oben und erblühen.

Oben: Die Blätter vieler Pflanzen verfärben sich im Herbst gelb, orange und rot, weil das Blattgrün *(Chlorophyll)* abgebaut wird, sodass andere Pigmente zum Vorschein kommen. Mithilfe von Chlorophyll ist die Pflanze während der Wachstumsperiode in der Lage, Sonnenenergie in organische Stoffe umzuwandeln.

Links: Verschiedene Blütenpflanzenarten sind als „paintbrushes" (Pinsel) bekannt, weil die Form ihrer Blütenknospen an die Pinsel erinnert, mit denen die Ureinwohner Amerikas sich einst ihre Körper bemalten. Diese Art (*Castilleja elegans*) blüht in einer Vielzahl von Weiß- und Rosatönen.

Oben: Schneegänse gehen bevorzugt im Schwarm auf Nahrungssuche. So sind sie vor Räubern wie dem Polarfuchs geschützt, da Wächtergänse Alarm schlagen, sobald Raubtiere in der Nähe auftauchen. Zusätzlich erschweren Lärm und Bewegung des Schwarms es dem Räuber, ein bestimmtes Ziel auszuwählen.

Rechts: Rentiere wandern auf der Suche nach Nahrung instinktiv weite Strecken über die arktische Tundra. Um Energie zu sparen, nehmen sie häufig riskante Abkürzungen. Hier überquert eine Herde bei Ebbe einen küstennahen Meeresarm oder Fjord, um nicht den ganzen Weg an der Küste entlang zurücklegen zu müssen.

Unten: Seeotter sind so gut gegen das kalte Wasser isoliert, dass sie fröhlich auf dem Rücken dahintreiben wie Urlauber im Mittelmeer. Sie haben ein Fell mit extrem dicht stehenden Haaren. Die Unterwolle ist mit kurzen Grannen versehen. Kleine Luftbläschen, die er sich regelmäßig in sein Fell bläst, sorgen für eine gute Isolierung.

Oben: Kegelrobben haben in den letzten Jahren sehr von staatlichen Schutzprogrammen profitiert. Früher wurden sie wegen ihres Pelzes und ihres Specks gejagt, was zu einem drastischen Bestandsrückgang führte. Jetzt besiedeln sie wieder Küsten, an denen sie einst praktisch ausgerottet waren.

Rechts: Eisbären bewegen sich häufiger über Packeis als über Land, obwohl die Unterscheidung manchmal nicht ganz einfach ist. Packeis bricht häufig in Inseln mit kleineren Eisschollen an den Rändern auseinander, die die Bären als Trittsteine benutzen.

Links: Der Polarfuchs in seinem natürlichen Lebensraum. Anders als der Eisbär, der aufgrund seiner Größe auch große Meeressäuger jagen kann, ist der Polarfuchs recht klein und auf arktische Vögel und Nager spezialisiert. Er braucht zum Überleben nicht so viel Nahrung wie der Eisbär.

MENSCHEN IN DER ARKTIS

Wann die ersten Menschen Nord- und Südamerika erreichten, ist umstritten. Als gesichert gilt jedoch, dass die einheimischen Bevölkerungsgruppen orientalischer oder mongolischer Herkunft sind und über die zugefrorene Beringstraße gekommen sein müssen, entweder im Winter oder am Ende der letzten Eiszeit vor etwa 8500 Jahren. Von diesem Ankunftsort aus verstreuten sie sich dann über Nord- und Südamerika.

Mit der zunehmenden Bevölkerung kam es unweigerlich zu Kämpfen um Territorien und Ressourcen. Dabei wurden einige Stämme in unwirtlichere Gebiete wie die Arktis verdrängt. Menschen verfügen jedoch dank ihrer Fähigkeit, Materialien zur Herstellung von Werkzeug, Waffen, Kleidung und Behausungen zu verwenden, über eine bemerkenswerte Anpassungsgabe. In der Tat nutzten die eingeborenen Völker die arktische Umwelt sehr effektiv und hatten bei der Ankunft der europäischen Entdecker eine komplexe Material- und Sozialkultur entwickelt.

In der nordamerikanischen Arktisregion gibt es eigentlich zwei eingeborene Völker – die Inuit und die Yupik. Die Inuit bewohnen den Westen Grönlands, den Norden Kanadas und den Osten Alaskas, während die Yupik in Nordostsibirien, Westalaska und auf den Aleuten zu finden sind.

Von Anthropologen und Archäologen werden sie unter dem Begriff Eskimos zusammengefasst, aber diese Bezeichnung gilt heute allgemein als politisch unkorrekt, da die Völker selbst eine abstammungsgeschichtliche und kulturelle Grenze zwischen sich ziehen. Darüber hinaus wird der Begriff „Paläo-Eskimo“ für die Ahnen der heutigen Bevölkerungsgruppen benutzt, die die Arktis in der Spätsteinzeit besiedelten. In letzter Zeit wurde die Bezeichnung „Inupik“ (eine Verkürzung von „Inuit-Yupik“) als möglicherweise akzeptable Alternative geprägt.

Die Inuit beziffern sich auf etwa 60 000. Sie sprechen eine Sprache namens Inupiaq oder Inuktitut. Nur etwa 3000 Menschen umfasst die Gruppe der Yupik, deren Sprache ebenfalls als Yupik bezeichnet wird. Angehörige dieser Volksgruppe kennt man auch unter dem Namen Aleut. Sowohl Inupiaq als auch Yupik gehören zur Familie der eskimo-aleutischen Sprachen.

Die heute existierenden Inuit- und Yupik-Populationen haben sich rasch an die Veränderungen, die die moderne Welt mit sich brachte, gewöhnt. Zwar wenden sie häufig noch immer traditionelle Techniken an, etwa bei der Jagd auf Robben und andere arktische Tiere, sie bedienen sich dabei jedoch meist moderner Technologien, benutzen Gewehre und Motorschlitten anstelle von Bogen und Hundeschlitten oder Harpunen und Kunststoffkanus anstelle von Speeren und Fellkajaks.

Iglus werden mittlerweile häufig durch Fertighütten ersetzt, die Kleidung der Bevölkerung besteht nicht mehr nur aus Pelzen,

Vorherige Seiten: Ein Inuit-Jäger läuft unter der Mitternachtssonne über eine Eisscholle. Jäger tragen noch immer traditionelle Jacken aus Rentierfell. Der Pelz wird innen getragen und bildet so ein Luftkissen zwischen dem Leder und der Haut des Trägers – eine effiziente Form der Wärmeisolierung.

Links: Die Inuit lassen ihre Schlitten von einer halb domestizierten Hunderasse ziehen, dem Husky. Die kleinen, stämmigen Hunde sind gut an die strengen arktischen Bedingungen angepasst und werden in Rudeln eingesetzt, um die nötige Zugkraft für Schlitten, Jäger und Jagdausrüstung aufzubringen.

---

und die Kinder gehen zur Schule, statt sich von den Älteren unterrichten zu lassen.

Der westliche Geist beeinflusst aber auch Wünsche und Sehnsüchte und ist häufig Ursache von Unzufriedenheit mit der eigenen traditionellen Lebensweise. Manche verlassen ihr Heimatland und versuchen, in der weiten Welt ihr Glück zu finden. Andere fühlen sich in der traditionellen Lebensweise gefangen und frustriert. Viele Inuit und Yupik finden jedoch einen glücklichen Kompromiss zwischen Alt und Neu und sind stolz auf ihre Herkunft. In der Tat verdienen viele von ihnen ihren Lebensunterhalt in konventionellen Berufen, halten in ihrer Freizeit aber ihre ethnische Herkunft mit traditionellen Hobbys wie Jagen, Fischen, Geschichtenerzählen und natürlich Unterhaltungen in ihrer Sprache am Leben.

Im arktischen Europa und Asien leben weitere Polarvölker. Lappland umfasst die arktischen Regionen von Skandinavien (Norwegen, Finnland und Schweden) sowie die russische Halbinsel Kola westlich des Urals. Dort lebt das Volk der Samen, deren Sprache, das Sami oder Samisch, neun verschiedene Dialekte umfasst und zur finno-ugrischen Sprachfamilie gehört. Es gibt rund 25 000 Samen, deren Kultur eng mit den Wanderbewegungen der Rentierherden in ihrer Heimat verbunden ist.

Östlich des Uralgebirges leben in Nordwestsibirien die Chanten und die Mansen. Ihre Sprachen gehören zur selben Sprachgruppe wie das Samische. Schätzungsweise gehören dieser Volksgruppe etwa 30 000 Menschen an.

In Nord- und Mittelsibirien leben die samojedischen Völker. Wie die Samen leben sie als Nomaden, hüten Rentiere, jagen und fischen. Sie sprechen verschiedene Sprachen, die alle zur uralischen Sprachfamilie gehören.

Die größte Gruppe der Samojeden bilden die rund 27 000 Nenzen, die Nenzisch sprechen. Außerdem gibt es rund 4000 Selkupen, 250 Enzen und 850 Nganasanen.

Das Volk der Jukagiren ist in Nordostsibirien beheimatet. Die Sprache der rund 1500 Menschen heißt Jukagirisch. Sie unterteilen sich in nomadische Stämme, darunter die Anaul, die Tschuwanen und die Hodyn. Die Svalbard-Inseln (Spitzbergen) im Norden von Norwegen schließlich, die sich schon in russischem und in norwegischem Besitz befanden, werden von etwa 3000 Menschen verschiedener Ethnien bewohnt.

Zählt man alle eingeborenen Völker Nordamerikas, Europas und Asiens dazu, beläuft sich die einheimische Gesamtbevölkerung der Arktis auf etwa 160 000 Menschen.

Oben: Alle Lebewesen der Arktis, auch das Volk der Inuit, haben sich körperlich den rauen Lebensbedingungen angepasst: Sie sind klein und stämmig gebaut, was ihnen ein niedriges Verhältnis von Körperoberfläche zu Körpervolumen verschafft. Ihre Körper können daher die Wärme effektiver speichern.

Rechts: Anthropologen glauben, dass die charakteristisch schmalen Augen der Völker orientalischer Abstammung eine weitere Anpassung an das Leben in kalten Gegenden ist. Einerseits werden die Augäpfel dadurch vor dem Erfrieren geschützt, andererseits kann weniger reflektiertes Sonnenlicht in die Augen dringen.

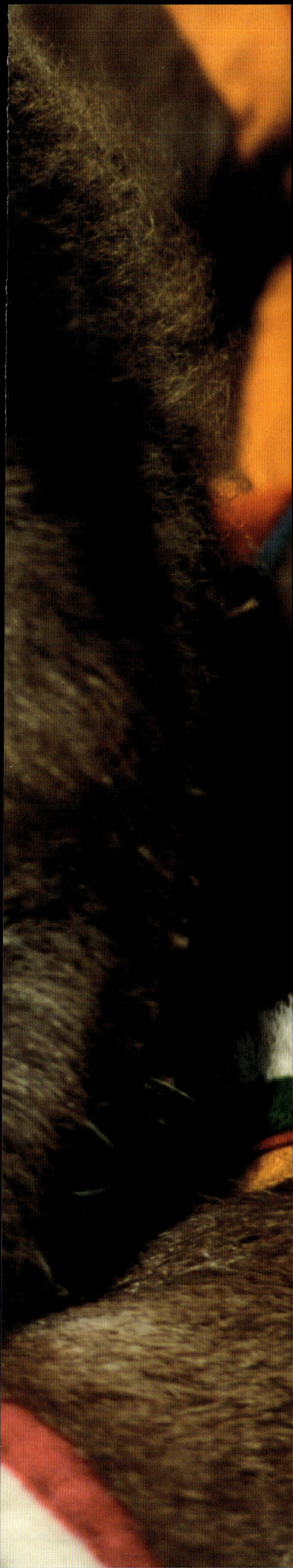

Oben: Tradition und Moderne nebeneinander: Das Fischen auf traditionelle Weise mit einer Schnur, die durch ein Loch im Eis hinabgelassen wird, ist ebenso selbstverständlich wie moderne Kleidung, Schneemobile oder Motorschlitten.

Links: Ein Inuit-Kind wird so erzogen, dass ihm das Leben in der Arktis in Fleisch und Blut übergeht. Das ist unverzichtbar, um in einer feindlichen Umgebung zu überleben, wo kleine Fehler leicht zum Tod führen können. Angemessene Kleidung, Transportmittel, Unterkunft und Nahrung sind lebenswichtig, um nicht zu erfrieren.

Ganz oben: Vier Inuit auf Waljagd in einem traditionellen Boot, dem *umiak.* Die Spanten bestehen aus Walknochen und Holz und werden mit der Haut der Bartrobbe überzogen. Die weiße Kugel in der Mitte ist ein Schwimmer und soll verhindern, dass ein harpunierter Wal durch tiefes Abtauchen unter die Wasseroberfläche entkommt.

Oben: Eine traditionelle Methode, Fisch zu konservieren, ist das Räuchern. Rauch und Hitze schwelender Holzspäne sterilisieren das Fleisch und verringern seinen Feuchtigkeitsgehalt, sodass Mikroorganismen die Oberfläche nicht besiedeln können. Trocken und kühl aufbewahrt, hält sich geräucherter Fisch sehr lange.

Oben: Wie dieses kleine Fischerdorf in Norwegen müssen sich in den Wintermonaten viele Dörfer selbst versorgen können, da sie oft monatelang von der Außenwelt abgeschnitten sind. Eis, Schnee und Stürme verhindern, dass in dieser Zeit jemand das Dorf verlässt oder besucht.

Oben: Reykjavík in Island ist die nördlichste Hauptstadt der Welt. Die Luft ist hier sehr klar, und so ist Reykjavík auch die Hauptstadt mit der geringsten Luftverschmutzung. Die Häuser sind meist aus Holz mit leichten Dachkonstruktionen gebaut.

Folgende Seiten: Rentiere sind traditionell Lieferanten für Leder, Fleisch und Milch. Eine neuere Erfindung dagegen sind Rentierrennen. Die Rentiere erreichen Geschwindigkeiten von bis zu 60 km/h, wenn sie einen Skiläufer hinter sich her ziehen.

Unten: Die vulkanischen Aktivitäten verschaffen Island große Vorteile bei der Energieerzeugung. In diesem Erdwärmekraftwerk wird mit erhitztem Wasser aus den Tiefen der Erde Dampf erzeugt, mit dem Turbinen angetrieben werden. Diese wiederum lassen Dynamos rotieren und erzeugen so Elektrizität.

Oben: Heiße Quellen gibt es in Island so viele, dass sie mit Ventilen versehen werden, um nach Bedarf angezapft werden zu können. Der Großteil der isländischen Häuser wird mit geothermalem Wasser geheizt, was nur geringe laufende Kosten verursacht. Mancherorts werden sogar die Straßen geheizt, um sie eisfrei zu halten.

Links: Eine Erdölaufbereitungsanlage in North Slope (Alaska). Rohöl, das aus den organischen Überresten urzeitlicher Meeresorganismen entstanden ist, enthält viele verschiedene Fraktionen. Durch das Erhitzen des Rohöls bei unterschiedlichen Temperaturen verdampfen diese Fraktionen getrennt und können abgeschieden werden.

Rechts: Unter der arktischen Wildnis liegen riesige Mengen fossiler Brennstoffe. Dies ist ein Teil der Trans-Alaska-Ölpipeline, die Rohöl von entfernten Bohrinseln zu den Raffinerien bringt, wo es zu Petroleum, Kerosin oder Dieselkraftstoff verarbeitet werden kann.

FORSCHER IN DER ARKTIS

Heute nimmt man an, dass die allerersten Menschen, die nordamerikanischen Boden betraten, aus Südfrankreich stammten. Die Solutreer waren Steinzeitmenschen, die vor rund 20 000 Jahren am Ende der letzten Eiszeit – dem Pleistozän – auf dem europäischen Kontinent lebten. Sie verwendeten ganz charakteristische Steinwerkzeuge. Verschiedene Artefakte wurden an archäologischen Ausgrabungsstätten zu beiden Seiten des Nordatlantiks gefunden. Anthropologen behaupten, sie seien den Inuit ähnlich gewesen und hätten am Rand der nördlichen Eisfelder gelebt, die sich damals in Richtung Süden bis nach Zentralfrankreich erstreckten. Mit Booten konnten sie über den Atlantik fahren, auf den Eisschollen ihr Lager aufschlagen und jagen, während sie sich immer weiter in Richtung Nordamerika vorwagten.

Als Nächste überquerten die Wikinger, auch als Nordländer oder Dänen bezeichnet, den Atlantik. Sie stammten aus Skandinavien und wussten daher bereits mit extremer Kälte umzugehen. Sie kamen im Mittelalter über Island und Grönland nach Nordamerika und gründeten dort Siedlungen. Im Gegensatz zu den Solutreern waren die Wikinger ein echtes Seefahrervolk. Sie konnten über offene Gewässer segeln, indem sie die Sonne und die Sterne als Navigationshilfen benutzten.

Das moderne Zeitalter der Arktisexpeditionen begann Mitte des 16. Jahrhunderts. Große Namen wie Frobisher, Barents, Hudson, Baffin, Bering, Ross, Franklin und McClintock versuchten über einen Zeitraum von 350 Jahren hinweg immer wieder, in unbekanntes Gebiet vorzustoßen. Ihr Hauptziel war die Entdeckung einer Handelsroute von Europa nach China; die Erforschung der Arktis fand dabei eher zufällig statt. Der erste Mensch, der wissentlich am magnetischen Nordpol stand, war der britische Forscher James Ross im Jahr 1831. Er entdeckte ihn direkt im Norden der King-William-Insel in Nordkanada.

Mit Beginn des 20. Jahrhunderts waren häufig Nationalstolz und Kühnheit und weniger wirtschaftliche Erwägungen Grund für Forschungsreisen. Der Norweger Roald Amundsen durchschiffte zwischen 1903 und 1906 als erster Forscher die Nordwestpassage (die Verbindung zwischen Atlantik und Pazifik). 1904 fand er auch als Erster den magnetischen Pol wieder und stellte fest, dass er sich 80 km von der zuletzt verzeichneten Position verschoben hatte. Der US-Forscher Robert Peary erreichte 1909 als Erster den geografischen Nordpol.

Natürlich wäre es ungerecht, die Inuit, Yupik, Samen und Sibirier als die wahren Erforscher der Arktis zu übergehen. In der Tat ist es gut möglich, dass sie alle genannten Meilensteine schon Hunderte oder gar Tausende von Jahren zuvor selbst erreicht haben. Es zeugt letztendlich von einem gewissen Dünkel, wenn sich westliche Forscher für die wahren, unerschrockenen Abenteurer hielten, obwohl sie auf ihrem Weg oft andere Menschen trafen, die seit Urzeiten in der Arktis lebten.

Oben: Robert Peary (1856–1920) erreichte am 6. April 1909 als Erster den geografischen Nordpol. Seine Polarkleidung bestand aus Pelzen, an den Füßen trug er Schneeschuhe aus Korbgeflecht. Sie dienten zur Gewichtsverteilung, damit er beim Gehen nicht in den Schnee einsank.

Gegenüber: Der Arktisforscher Robert Bartlett (1875–1946) ist hier im Jahr 1909 mit einer Gruppe von Inuit zu sehen. Er beteiligte sich zusammen mit Robert Peary an einer Reihe von Arktisexpeditionen und befehligte das Dampfschiff *SS Roosevelt*, das von 1908–1909 Peary und seine Mannschaft in arktische Gewässer brachte.

Oben: Auch Roald Amundsen (1872–1928) wollte als Erster den geografischen Nordpol erreichen, wurde aber von Robert Peary geschlagen. Sein nächstes Ziel war der geografische Südpol, den er als erster Mensch am 14. Dezember 1911 erreichte. Hier ist er 1920 mit Schlitten und Schlittenhunden auf einer späteren Expedition zum Nordpol zu sehen.

Oben: Dieses traditionelle Kunstwerk der Inuit wird *inukshuk* (Mehrzahl: *inuksuit*) genannt, was so viel heißt wie „Abbild eines Menschen". Manche dienen als Markierungen und Wegweiser, mit deren Hilfe sich die Inuit-Jäger in der größtenteils eintönigen arktischen Landschaft orientieren können. Andere warnen vor drohender Gefahr oder bezeichnen einen heiligen Ort.

Rechts: Seit Robert Pearys Pionierreise im Jahre 1909 ist es einfacher geworden, den geografischen Nordpol zu erreichen. Dieses Bild zeigt eine Gruppe von Polartouristen, die um den nördlichsten Punkt des Planeten wie um einen Maibaum tanzen. Bei einer vollständigen Umkreisung des Pols durchquert ein Mensch alle 24 Zeitzonen der Erde.

MOON BO
MOON BO

Unten: Der sogenannte Tundra-Buggy ist ein Bus auf riesigen Reifen, die das Gewicht so verteilen, dass das Fahrzeug weder einsinkt noch irgendwo stecken bleibt. Tundra-Buggys werden für den Transport von Arktistouristen eingesetzt.

Oben: Für abenteuerlustigere Touristen gibt es das Schneemobil oder den Motorschlitten, das Gegenstück zu einem Quad. Die allerersten „Schneetraktoren" wurden von Robert Scott (1868–1912) entwickelt, der sie erstmals bei seiner Südpolexpedition einsetzte.

Links: Für Arktistouristen ist es ein erhabenes Gefühl, über das dicke, klare Eis um die Oktoberrevolutionsinsel im Arktischen Ozean nördlich von Russland zu gehen. Hier ist es so kalt, dass die Jahresdurchschnittstemperatur bei –29 °C liegt.

Ganz oben: Dieses Bild macht die gewaltige Größe eines Gletschers deutlich, der hier von Touristen erklommen wird. Die senkrechten Risse im Gletscher können Hunderte von Metern tief sein und werden im wahrsten Sinn des Wortes zu tödlichen Fallen, wenn Menschen hineinstürzen.

Oben: Für Touristen, die das Besondere suchen, ist das arktische Eishotel ein faszinierendes Ziel. Natürlich muss die Temperatur im Inneren unter 0 °C bleiben, damit das Eis nicht schmilzt, aber das ist immer noch deutlich wärmer als die Außentemperatur.

Oben: Ein Wanderer in einem Gebirgszug in Alaska, der auf einen riesigen Gletscher hinunterschaut. Viele Menschen zieht es an solche Orte, die zum Nachdenken inspirieren. In einer so Ehrfurcht gebietenden Umgebung scheinen viele Probleme und Schwierigkeiten unbedeutend zu werden.

LEBEN IM WASSER

Der Arktische Ozean beherbergt eine Fülle verschiedenartigster Lebewesen. Zahlreiche Säugetiere, Fische und Wirbellose, von Walen bis zum mikroskopisch kleinen Plankton, haben Möglichkeiten gefunden, in dieser Umgebung nicht nur zu überleben, sondern sogar zu gedeihen und sich zu vermehren.

WALE

Alle ausschließlich im Wasser lebenden Meeressäuger, die man heute in der Arktis findet, gehören zur Ordnung *Cetacea*, was vom lateinischen Wort *cetus* für „Wal" abgeleitet ist. Wale werden in zwei Unterordnungen eingeteilt – die Zahnwale und die Bartenwale. Fasst man drei Familien zur Überfamilie der Delfinartigen (*Delphinoidea*) zusammen, so unterscheidet man bei den Zahnwalen sechs Familien, bei den Bartenwalen drei.

Zahnwale sind Räuber (Prädatoren), die sich von Meerestieren wie Tintenfischen, Fischen, Vögeln und anderen Säugetieren ernähren. Ihre Größe reicht von Delfinen und Schweinswalen über die größeren Grindwale und Schwertwale bis zu den riesigen Pottwalen.

Bartenwale leben nicht räuberisch, sondern haben sich auf Zooplankton (winzige Meeresorganismen), Krill und kleine Fische spezialisiert, die sie aus dem Meerwasser aufnehmen. Dazu verwenden sie große, gefaserte Hornplatten, die sogenannten Barten, mit denen sie die Tiere aus dem Meerwasser filtern.

Bartenwale sind in der Regel größer als Zahnwale. Zu ihnen gehören Glattwale, Grauwale und die riesigen Furchenwale wie der Blauwal, das größte Tier, das je auf der Erde gelebt hat.

Wale sind Säugetiere, und man nimmt an, dass sie ursprünglich landbewohnende Tiere waren, die zuerst semiaquatisch lebten. Im Laufe der Zeit entwickelten sich aus ihren Beinen Flossen, und die Wale wurden zu Wasserbewohnern. Sie müssen Luft atmen, weil sie Lungen anstelle von Kiemen haben. Deshalb müssen Wale regelmäßig an der Wasseroberfläche Sauerstoff aufnehmen. Sie sind außerdem Warmblüter und tragen ihre Jungen in der Gebärmutter aus.

Jede Art hat eindeutige Merkmale, mit deren Hilfe sie eine bestimmte Nische besetzen kann.

Rechts: Der Buckelwal ist bei Walbeobachtern beliebt, weil er gern an die Oberfläche kommt und eine Vorliebe für „Spyhopping", das Klatschen mit den Brustflossen („Finslapping") und das senkrechte Abtauchen hat. Dabei ist die Schwanzflosse (Fluke) gut zu sehen. Die Tiere sind sehr neugierig und leicht zu identifizieren.

ZAHNWALE

Mehrere Familien der Zahnwale sind in den arktischen Gewässern beheimatet. Die kleinsten sind die Delfine und Schweinswale, die typischerweise nur 2–3 m lang werden, der größte, der gewaltige Pottwal, ist ein Riese von rund 18 m Länge.

Delfine und Schweinswale

Einige Wissenschaftler ordnen Delfine und Schweinswale derselben Überfamilie der Delfinartigen zu, da sie sich nur in einigen morphologischen Details unterscheiden. Delfine haben eine große, kielförmige Rückenflosse und eine lange, abgesetzte Schnauze. Die Rückenflosse der Schweinswale ist klein und dreieckig, die Schnauze stumpf und abgerundet. Außerdem sind Delfine meist stromlinienförmiger und somit auch schneller.

Sowohl Delfine als auch Schweinswale sind Jäger, die ihre aus Fischen, Weichtieren und Schalentieren bestehende Beute verfolgen. Die Unterschiede in Größe und Form zwischen den verschiedenen Arten deuten darauf hin, dass sie unterschiedliche Ökonischen im marinen Lebensraum besetzen.

In arktischen Gewässern halten sich einige Delfinarten auf, es gibt aber nur eine Schweinswalart. Sie kommen nur in den Sommermonaten in den Arktischen Ozean, wenn das Wasser wärmer und eisfrei ist. Allerdings steht auch nur in dieser Zeit genügend Nahrung zur Verfügung. Alle Delfine kommen über den Atlantik in subarktische Gewässer, sodass sie nur zwischen Grönland und Norwegen zu finden sind.

Oben und rechts: Der Große Tümmler ist zweifellos die archetypische Delfinart. Er ist hochintelligent und wohlbekannt für seine Fähigkeit, Tricks auszuführen und Befehle zu befolgen.

Der Weißseitendelfin (*Lagenorhynchus acutus*) und der Weißschnauzendelfin (*Lagenorhynchus albirostris*) stammen beide aus dem Atlantik, sind eng verwandt und sehen sich sehr ähnlich. Beide haben eine helle Unter- und eine dunkle Oberseite mit grauen Flanken und gelben Streifen seitlich an der Schwanzflosse. Der kurzschnäuzige Gemeine Delfin (*Delphinus delphis*) ist ähnlich gefärbt, die gelblichen Abzeichen befinden sich jedoch an den Rumpf- und Kopfseiten. Der Große Tümmler (*Tursiops truncatus*) zeigt lediglich eine blaugraue Färbung mit etwas dunklerer Ober- und hellerer Unterseite.

Der einzige in der Arktis gesichtete Schweinswal ist der Gewöhnliche Schweinswal (*Phocoena phocoena*). Er gelangt über den Atlantik und den Pazifik in den Arktischen Ozean und wagt sich bis an die Nordküsten Alaskas, Kanadas und Sibiriens vor.

Delfine und Schweinswale zählen zu den kleinsten Walarten. Sie sind je nach Geschlecht, Alter und Art etwa ebenso groß wie ein schwimmender Mensch. Als hochsoziale Lebewesen, die in Gruppen oder Schulen schwimmen, sind sie leicht zu beobachten und nähern sich oft aus Neugier Booten, um sie zu untersuchen.

Delfine und Schweinswale schwimmen häufig mit einer wellenförmigen Bewegung an der Oberfläche, sodass ihr Rücken immer wieder aus dem Wasser ragt. Nach dem englischen Wort für Schweinswal wird diese Fortbewegungsart auch „Porpoising“ genannt. Beobachtern fällt es dadurch recht leicht, anhand ihrer Färbung und Form die Arten zu bestimmen. Die verschiedenen Arten stoßen oft auch auf charakteristische Weise Wasser aus dem Blasloch.

Weißwale und Narwale

Diese beiden Arten bilden die Familie der Gründelwale und sind ideal an arktische und semiarktische Gewässer angepasst. Beide haben einen relativ kleinen Kopf mit einem beweglichen Hals und knolliger Stirn, der sogenannten Melone. Die Rückenflosse fehlt. Die Tiere werden etwa doppelt so groß wie ein Mensch.

Weißwale oder Belugas (*Delphinapterus leucas*) sind am ganzen Körper weißlich gelb gefärbt. Neben Eisschollen und in schaumgekrönten Wellen sind sie auf diese Weise gut getarnt und fallen nicht dem Eisbären zum Opfer, der über wie unter Wasser jagen kann. Weißwale leben fast überall in der Arktis. Sie bewohnen die meisten Küstengewässer außer dem Gebiet zwischen Grönland und Norwegen. Ihre Vorliebe für die Küste hat zur Folge, dass sie häufig in flachen Gewässern fast stranden und festsitzen, bis die Flut kommt und sie wieder schwimmen können.

Die Färbung der Narwale (*Monodon monoceros*) ist typisch für Wale: Ihre Unterseite ist weiß, die Oberseite dunkel. Diese Konterschattierung dient als Tarnung und ist häufig bei Meerestieren anzutreffen. Narwale müssen sich nicht nur gegen Eisbären, sondern auch gegen Schwertwale behaupten.

Durch die dunkle Oberseite sind sie für Eisbären im dunklen Wasser von oben schwer auszumachen, und die Bären wagen sich aus Furcht um ihr eigenes Leben auch selten tiefer hinein.

Die weiße Unterseite dagegen erschwert es den Schwertwalen, sie gegen den hellen Himmel über ihnen zu entdecken.

Das charakteristischste Merkmal der Narwale ist ihr Stoßzahn, der möglicherweise den Anstoß zu Legenden über

Links: Der Weißwal ist für seinen Lebensraum im Arktischen Ozean wie geschaffen. Die einheitliche Weißfärbung tarnt ihn von oben und von unten, sodass Räuber wie Eisbären und Schwertwale ihn leicht mit einem Stück Eis verwechseln können.

Links: Grindwale werden auch Pilotwale genannt, weil sie früher als Lotsen benutzt wurden, um Schiffe durch schmale Meerengen zu führen. Sie wurden dazu nicht extra ausgebildet, sondern die Matrosen entdeckten, dass sie meist in den tieferen Wasserkanälen schwammen. Man musste ihnen nur folgen und konnte so das Auflaufen der Schiffe verhindern.

Einhörner gab. In der Regel sind sie nur bei Männchen zu finden, gelegentlich aber auch bei Weibchen. Gewöhnlich wächst jedem erwachsenen Tier nur ein Stoßzahn, selten auch zwei. Über die Funktion der Stoßzähne sind sich Wissenschaftler bis heute nicht einig, sicher ist aber, dass sie bei Kämpfen rivalisierender Männchen eingesetzt werden. Eventuell dienen sie darüber hinaus auch als Sinnesorgan. Wie der Weißwal ist der Narwal nicht überall am Polarkreis zu finden; zwischen der Alaska-Halbinsel und der sibirischen Halbinsel ist er nicht vertreten.

Grindwale, Entenwale und Schwertwale

Diese mittelgroßen Walarten gehören zwei Familien an. Der Gewöhnliche Grindwal (*Globicephalus melas*) und der Große Schwertwal (*Orcinus orca*) gehören zur Familie der Delfine (*Delphinidae*), während der Nördliche Entenwal (*Hyperoodon ampullatus*) der Familie der Schnabelwale zugeordnet wird.

Die überwiegend graue oder pechschwarze Färbung von Grindwalen und Schwertwalen hat ihnen im Englischen die Bezeichnung „blackfish“ eingebracht, obwohl es auch in dieser Gruppe weiße oder graue Zeichnungen gibt. Die intelligenten, sozialen Tiere leben in Herden. Beide Arten zeigen die für sie typischen Verhaltensweisen „Lobtailing“ (Aufschlagen der Schwanzflosse auf dem Wasser), „Spyhopping“ (senkrechtes Heben des Kopfes aus dem Wasser) und „Breaching“ (Springen aus dem Wasser mit anschließendem Aufklatschen auf die Wasseroberfläche).

Grindwale ernähren sich überwiegend von Tintenfischen und Fischen und halten sich daher meist in offenem, tiefem Wasser auf. Sie sind an ihren kielförmigen Rückenflossen mit den hängenden oder schlaffen Spitzen zu erkennen und werden etwa dreimal so lang wie ein Mensch.

Schwertwale, auch Orcas genannt, gehören zu den größeren Walen. Als Jäger sind sie wendiger und erbeuten Wale, Robben, Meeresvögel, Fische und Tintenfische – ihre Vorlieben sind breit gefächert. Schwertwale jagen häufig im Verband, indem sie ihre Beute umzingeln und ermüden, bis diese aufgibt. Sie sind an ihren hohen, aufrechten, haiähnlichen Rückenflossen und der scheckigen Färbung zu erkennen.

Markantes Zeichen der Schnabelwale ist die langgezogene Schnauze, die bei manchen Arten einem Vogelschnabel ähnelt. Entenwale haben eine delfinartige Schnauze und nur ein Paar (manchmal auch vier) Zähne, das ganz vorn aus dem Unterkiefer ragt. Entenwale sind Nahrungsspezialisten für Tintenfisch.

Der Lebensraum der arktischen Art, des Nördlichen Entenwals, ist der Nordatlantik und erstreckt sich bis nach Spitzbergen in den Arktischen Ozean, 640 km nördlich von Skandinavien. Keiner der Schnabelwale ist wissenschaftlich besonders gut erforscht, da sie tiefe Gewässer weitab vom Land bewohnen und selten zu beobachten sind.

Oben: Schwertwale sind neugierig und interessiert an allen Vorgängen über und unter der Wasseroberfläche. Außerdem sind sie wie die meisten Wale hochsoziale und intelligente Tiere. Das Herausspringen aus dem Wasser wird „Porpoising" genannt (oben), das senkrechte Heben des Kopfes heißt „Spyhopping" (links).

Links: Schwertwale sind intelligente und effiziente Jäger. Ihr Nahrungszettel ist reichhaltig, sie fressen alle Arten von Meeressäugern und Vögeln, denen sie auf ihren Wanderungen begegnen. In seinem Jagdverhalten gleicht der Schwertwal dem Wolf, der seine Beute ebenfalls im Verband jagt.

Folgende Seiten: Ein Schwertwal kreuzt in den Küstengewässern von Alaska. Schwertwale sind leicht an ihrer typischen großen schwarzen, dreieckigen Rückenflosse zu erkennen, die aufrecht steht und leicht nach hinten gebogen ist.

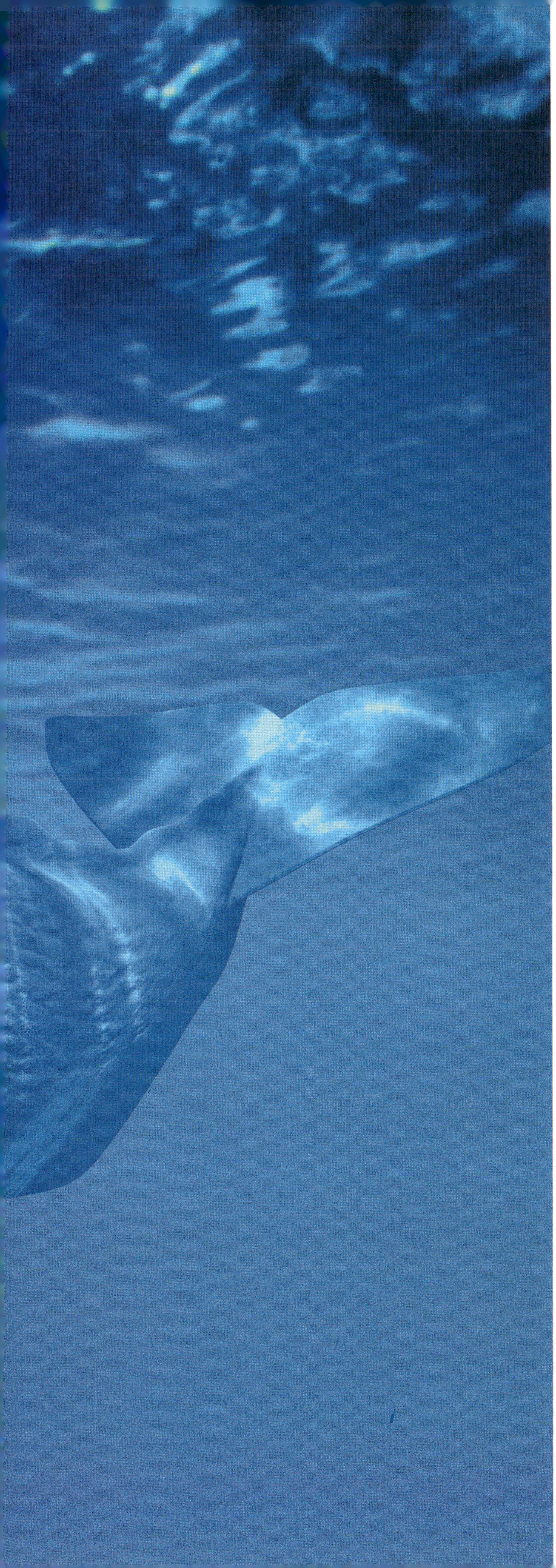

Pottwale

Der Pottwal (*Physeter macrocephalus*) ist eine Art Legende, weil er in dem Ruf steht, bis zum bitteren Ende verzweifelt zu kämpfen, wenn er von Walfängern harpuniert wird. Es war ein weißer Pottwal namens Moby Dick, der Captain Ahab in Herman Melvilles Roman *Moby Dick* nach unerbittlichem Kampf tötete. Pottwalzähne wurden im 19. Jahrhundert überall von Walfängern geschnitzt und verziert und unter der Bezeichnung *Scrimshaw* verkauft.

Der Pottwal erreicht eine Länge von 18 m, ist sehr kräftig und jagt in großer Tiefe vor allem nach Riesenkalmaren. Bei vielen Exemplaren sind die Narben aus ihren Kämpfen mit diesen Tintenfischen zu sehen, die selbst bis zu 18 m lang werden können. Erstaunlicherweise ist es Wissenschaftlern erst vor kurzem zum ersten Mal gelungen, einen lebenden Riesenkalmar zu fotografieren. Dabei muss es Tausende, wenn nicht Millionen von ihnen in den Weltmeeren geben, da sich immer noch zahlreiche Pottwale trotz der Ausrottungsversuche durch Walfänger von ihnen ernähren.

Pottwale wurden vor allem wegen einer wertvollen weißen wachsartigen Substanz, des Walrats, gejagt. Bevor die Nebenprodukte von Rohöl und anderen Ölen auf den Markt kamen, war Walrat sehr begehrt für die Herstellung von Kerzen, Salben und Kosmetika. Es kommt in großen Mengen in den Kopfhöhlen von Pottwalen vor und ist ein Bestandteil von Spermöl, das früher als Lampenöl verwendet wurde.

Walrat ist auch im Walöl anderer Arten zu finden, aber nicht in so großen Mengen. Begehrt war früher auch das Speckpolster der Pottwale, auch Blubber genannt, aus dem Stearin gewonnen wurde. Das daraus produzierte Talg verwendete man zur Herstellung von Seife und Glyzerin.

Männliche Pottwale wagen sich in den Sommermonaten bis zum arktischen Polareis vor, während Weibchen und Kälber weiter im Süden bleiben. Sie sind selten in Küstennähe zu sehen, schon weil sie nur in tiefem Wasser auf Nahrungssuche gehen können. Pottwalschulen bestehen aus einigen wenigen bis vielen Hundert Tieren.

Links: Pottwale sind Tiefseespezialisten. Ihre Körper sind hervorragend an den unglaublichen Wasserdruck angepasst, dem sie auf der Jagd nach dem Riesenkalmar, ihrer Hauptnahrung, ausgesetzt sind. Ihre luftgefüllten Lungen werden dabei auf einen Bruchteil ihrer eigentlichen Größe zusammengedrückt.

BARTENWALE

Bartenwale filtern oder sieben ihre Nahrung aus dem Meerwasser. Dabei kann es sich um Zooplankton (meeresbewohnende Mikroorganismen), Krill oder kleine Fische handeln. Mit ihren riesigen Mäulern können sie große Wassermengen aufnehmen. Anschließend drücken sie das Wasser durch die lamellenartigen Barten hinaus, die wie ein Sieb die Nahrungsbestandteile zurückhalten. Schließlich kratzen sie die Nahrungsmasse mit der Zunge zu einem großen Klumpen zusammen, den sie dann hinunterschlucken.

Da alle Bartenwale sich auf diese Weise ernähren, haben sie eine recht ähnliche Erscheinung. Vor allem die pelikanähnliche Schnauze zeichnet sie aus. Es sind große Wale, die zwischen 10 und 27 m lang werden. Das Filtrieren muss ein sehr günstiges Verhältnis von Energie- und Nährstoffaufnahme zum Verbrauch haben, wenn diese Wesen damit zu so enormer Größe heranwachsen können. Dank ihrer Größe gelangen Bartenwale schnell von einem Nahrungsgebiet in ein anderes. Das niedrige Verhältnis von Körperoberfläche zu Körpervolumen trägt zur Aufrechterhaltung der Körpertemperatur beim Schwimmen in kalten Gewässern bei.

Grönlandwale, Glattwale und Grauwale

Der Grönlandwal (*Balaena mysticetus*) ist eine echte arktische Art. Sein Verbreitungsgebiet umfasst jedoch nicht den gesamten Polarkreis.

In derselben Familie ist der Atlantische Nordkaper (*Eubalaena glacialis*) zu finden. Diese Art wagt sich nur bis in subarktische Gewässer in und um die Beringstraße. Seine Unterlippe bildet ein umgedrehtes U, und an seinem Kopf finden sich Hautwucherungen, die sogenannten Mützen.

Eine dritte Art, die ähnlich aussieht, aber zur Familie der Furchenwale gehört, ist der Buckelwal (*Megaptera novaeangliae*), der seinen Namen einem charakteristischen Buckel am unteren Rücken verdankt. Der Gattungsname *Megaptera* bedeutet „großer Flügel", weil diese Art überproportional große, flügelartige Flipper (Brustflossen) besitzt. Sie gelangt über den Atlantik und den Pazifik in arktische Gewässer.

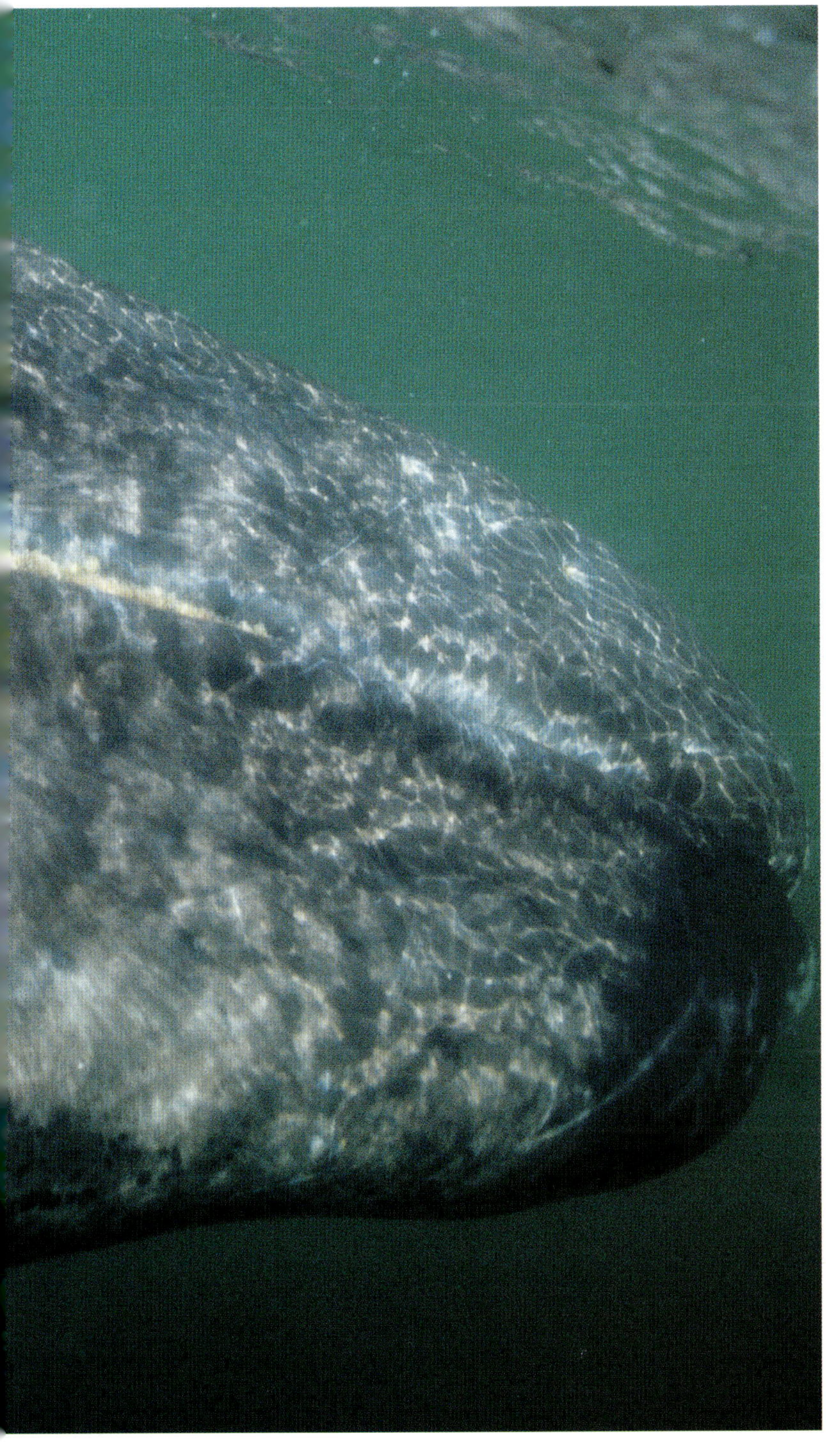

Während die letztgenannten drei Arten überwiegend einheitlich blauschwarz gefärbt sind, zeigt der Grauwal (*Eschrichtius robustus*) eine stumpfe graugrüne Färbung. Tatsächlich sieht er immer etwas unordentlich aus, weil er typischerweise zahlreiche Mützen, Seepockenkolonien und Narben aufweist. Seine Erscheinung hat im Englischen zu geringschätzigen Namen wie „devilfish" (Teufelsfisch) oder „scrag whale" (Gerippewal) geführt. Er wird gelegentlich auch als „mussel-digger" (Muschelgräber) bezeichnet, was sich auf seine Art der Nahrungssuche bezieht, bei der er mit dem Maul über den Meeresboden fährt, um wirbellose Meerestiere aus dem Sediment zu filtern.

Der Grauwal gehört zu den wandernden Arten. Die Tiere, die im Sommer über die Beringstraße arktische Gewässer erreichen, wandern zum Überwintern in Richtung Süden vor die Küste von Kalifornien. Ihre Narben zeugen von Kämpfen mit Schwertwalen, die es auf ihre Kälber abgesehen haben.

Zu den Furchenwalen zählt auch die Gattung *Balaenoptera*. Vier Arten sind in arktischen Gewässern anzutreffen: der Nördliche Zwergwal (*Balaenoptera acutorostrata*), der Seiwal (*B. borealis*), der Blauwal (*B. musculus*) und der Finnwal (*B. physalus*). Sie sind deutlich stromlinienförmiger als der Buckelwal sowie andere Bartenwale und können daher besser schnell schwimmende Fischschwärme und Tintenfische verfolgen. Ihre kleinen Rückenflossen sitzen am hinteren unteren Teil des Körpers und sehen aus wie die Finne eines umgedrehten Surfbretts.

Auch der Bestand der Furchenwale ist durch den Walfang in der Vergangenheit stark zurückgegangen, da sie für Walfangschiffe schon durch ihre Größe eine lohnende Beute darstellten. Eine kontrollierte Anzahl wird noch immer von norwegischen und japanischen Fabrikschiffen erlegt, allerdings hauptsächlich als Quelle traditioneller Nahrungsmittel.

Links: Während man den Pottwal durchaus ansehnlich nennen kann, ist der Grauwal von weitaus weniger angenehmer Erscheinung. Er ist auf Meeresorganismen spezialisiert, die auf dem Meeresgrund leben, den er aufwühlt, indem er seinen Unterkiefer als Pflugschar benutzt.

Vorherige Seiten: Grauwale sind bemerkenswert sanfte Tiere. Diese beiden Exemplare spielen miteinander und scheinen das Boot und den Fotografen gar nicht zu bemerken. Allerdings haben große Wale auch kaum natürliche Feinde, um die sie sich instinktiv sorgen müssten.

Oben: Die Haut des Buckelwals ist mit warzenähnlichen Auswüchsen bedeckt, den Mützen. Sie werden von Kolonien kleiner Walläuse verursacht, die die Haut befallen. Genau genommen sind Walläuse keine Läuse, denn sie zählen zur Ordnung der Flohkrebse.

Links: Das Maul eines Buckelwals ähnelt dem Schnabel eines Pelikans. Beide Tierarten gehen auch tatsächlich in ähnlicher Weise auf Nahrungssuche. Der elastische Hals hilft beim Aufnehmen großer Wassermengen zusammen mit Fischen oder Krill. Das Wasser läuft anschließend ab und hinterlässt ein Maul voll Nahrung.

ROBBEN, SEELÖWEN UND WALROSSE

Zur Gruppe der Wasserraubtiere (Ordnung: *Pinnipedia*) gehören amphibische Meeressäuger. Anders als Wale können sie zum Ruhen und Fortpflanzen an Land kommen. Ihre Gliedmaßen sind ein Mittelding zwischen Flossen und Beinen, dennoch gleiten ihre Körper meist anmutig durch das Wasser, während sie sich an Land eher mühevoll vorwärtsbewegen.

Alle Tiere dieser Gruppe stammen von Karnivoren ab und ernähren sich von allen möglichen Meerestieren wie Meeresvögeln, Fischen, Tintenfischen, Schalentieren, Seeigeln und Seesternen, Weichtieren, anderen Wirbellosen und Aas.

Weil sie ihr Leben sowohl im Wasser als auch an Land verbringen, werden Robben nicht so groß. Ihre Skelette könnten das Körpergewicht außerhalb des Wassers nicht tragen. Deutlich wird dies an den größeren Männchen, die sich kaum aus dem Meer an den Strand, auf Felsvorsprünge oder Eisschollen hieven können.

Hundsrobben

Phoca ist die in den arktischen Regionen am weitesten verbreitete Robbengattung, die sieben Arten umfasst. Alle Hundsrobben gehören zur Familie *Phocidae*. Als arktische Arten gelten die Sattelrobbe (*Phoca groenlandica*), die Ringelrobbe (*P. hispida*), die Largha-Robbe (*P. largha*) und der Seehund (*P. vitulina*). Diese kleinen Arten (etwa 1,50–2 m lang) ernähren sich von Fisch.

Das Verbreitungsgebiet aller vier Arten zusammengenommen erstreckt sich über die gesamte Polarregion. Früher galten drei von ihnen als Unterarten von *Phoca vitulina*, aber heute geht man davon aus, dass sie sich nicht untereinander kreuzen, wo sich ihre Lebensräume überlappen. Durch typische Pelzzeichnungen kann man sie unterscheiden.

Diese Robben werden von eingeborenen Völkern vor allem wegen ihrer Haut und ihres Fleisches gejagt. Verfechter der Jagd argumentieren, dass die Praxis von der kanadischen Regierung reguliert und lizenziert wird und dass die Hundsrobbenbestände ausreichend groß sind. Tatsächlich werden sie an manchen Orten gezielt erlegt, um den Bestand zu kontrollieren, weil sie mit dem örtlichen Fischereigewerbe im Wettbewerb um den Fisch stehen. Robbenschutzgruppen wie der „International Fund for Animal Welfare“ und Greenpeace lehnen die Jagd als unannehmbar grausamen Brauch ab, der unvorhersehbare Auswirkungen auf die Bestandszahlen haben kann. Abgesehen vom Menschen sind ihre natürlichen Feinde der Eisbär und der Schwertwal.

In der Arktis beheimatet ist auch die zu den Hundsrobben zählende Bartrobbe (*Erignathus barbatus*). Sie wird rund 2,50 m lang. Ihren buschigen Bart aus Schnurrhaaren benutzt sie als Tastorgan, wenn sie sich auf dem Meeresgrund auf die Suche nach Weichtieren und Wirbellosen begibt. Ihr Pelz ist graubraun gefärbt, und sie ist von korpulenter Statur. Die grau gesprenkelte Kegelrobbe (*Halichoerus grypus*) erreicht eine ähnliche Größe und hat ein hundeähnliches Gesicht, jedoch ohne Ohren. Sie ernährt sich von Fischen. Markenzeichen der männlichen Klappmütze oder Mützenrobbe (*Cystophora cristata*) ist ein aufblasbarer Hautbeutel über der Nase, der als Drohgebärde oder zur Paarungszeit zum Einsatz kommt. Die Männchen dieser

Links: Typisch für Hundsrobben wie diese Ringelrobbe ist eine leicht gebogene Ruhestellung. Dadurch minimiert sie den Körperkontakt mit der Eisscholle, auf der sie liegt, und reduziert so die Abgabe von Körperwärme an das Eis. Der Aufenthalt im Wasser verbraucht noch mehr Körperwärme.

Art sind im Durchschnitt 2,50 m lang, können aber auch 3,50 m erreichen. Der Lebensraum der Klappmütze erstreckt sich um den unteren und die seitlichen Ränder Grönlands.

Ohrenrobben

Im Gegensatz zu Hundsrobben können Ohrenrobben an Land beinahe richtig laufen. Sie bilden dazu mit ihren Brust- und Schwanzflossen eine Art Dreifuß und müssen sich hoppelnd fortbewegen, sind aber insgesamt beweglicher und aufrechter.

Einige Seelöwen zählen zur Gattung der Ohrenrobben. Wenn sie die sexuelle Reife erreichen, wächst ihnen auf dem vorderen Teil des Körpers eine Haarmähne, die als Schutz des Nackens bei Machtkämpfen um Revier und Weibchen fungiert.

Der Stellersche Seelöwe (*Eumetopias jubatus*) ist nach Georg Wilhelm Steller benannt, einem deutschen Zoologen und Forscher, der die Art in den späten 1740er-Jahren auf einer Reise unter Kapitän Vitus Bering beschrieb, dessen Namen wiederum das Beringmeer trägt. Das Verbreitungsgebiet dieser Art erstreckt sich über die Beringstraße in arktische Gewässer. Die Männchen werden bis zu 3,50 m lang, während die Weibchen etwas kleiner sind. Die Jungtiere werden mit sehr reichhaltiger Milch gesäugt, sodass sie zum Schutz gegen die eisigen Gewässer rasch eine Fettschicht aufbauen. Dennoch kommen viele durch Räuber ums Leben, ertrinken oder werden von achtlosen erwachsenen Tieren zerdrückt. Seelöwen leben in Kolonien an felsigen Küsten.

Unten: Diese Stellerschen Seelöwen ruhen sich auf tangbedeckten, der Küste vorgelagerten Felsinseln aus. Die dunklere Farbe absorbiert Sonnenstrahlung, und die Seelöwen wärmen sich während der Ruhepausen gern an dieser Heizung auf.

Oben: Der wissenschaftliche Name für Robben *Pinnipedia* leitet sich vom lateinischen Wort für „Flügelflüße" *(pinna-pes)* ab, da die Gliedmaßen von Robben, Seelöwen und Walrossen wie Fischflossen verwendet werden. Die Brustflossen sind außerhalb des Wassers bei der Fortbewegung fast nutzlos geworden.

Links: Ein Seehundjunges wartet auf die Rückkehr der Mutter nach dem täglichen Fischzug. Das weiße, wollige Fell dient als Tarnung und als Isolierung, denn in diesem Entwicklungsstadium sind die Jungen vollkommen hilflos.

Folgende Seiten: Die Färbung und Zeichnung von Seehunden weist von Tier zu Tier stets leichte individuelle Nuancen auf. Wahrscheinlich erkennen sich die Tiere auf diese Weise gegenseitig, vor allem im Meer, wo charakteristische Gerüche und Geräusche keine geeigneten Unterscheidungsmerkmale darstellen.

Walrosse

Wie die Bartrobbe spezialisiert sich das Walross (*Odobenus rosmarus*) auf bodenbewohnende Fische, Weichtiere und andere Wirbellose auf dem Meeresgrund. Gemeinsam ist auch der Schnurrbart, mit dem es den schlammigen Boden in den finsteren Tiefen abtastet.

Walrosse haben praktisch keine Haare am Körper, sind jedoch durch eine dicke Schicht Blubber gegen die Kälte geschützt. Der dicken, lederartigen Haut können die Schnitt- und Schürfwunden nur wenig anhaben, die beim mühsamen Hochhieven aus dem Wasser an Land entstehen. Die Männchen werden rund 3,60 m lang, die Weibchen etwa 2,50 m.

Ihre Haut wechselt die Farbe je nach Blutmenge in den kleinen Blutgefäßen unter der Hautoberfläche. Im Wasser wird der Blutfluss unter der Haut verringert, um Körperwärme zu erhalten, und die Tiere erscheinen gräulich. Beim Sonnenbad fließt Blut an die Oberfläche, um die Sonnenwärme aufzunehmen, und verleiht dem Tier eine rosige Färbung. Der Artname *rosmarus* bezieht sich auf dieses Phänomen.

Bei männlichen Walrossen sind die oberen Reißzähne zu Stoßzähnen vergrößert, die bei erwachsenen Tieren bis zu 1 m lang werden können. Sie werden als Waffen bei Machtkämpfen um Weibchen und Reviere eingesetzt. Walrosse sind überall im Polarkreis zu finden.

FISCHE

Die arktische Fischwelt lässt sich im Wesentlichen in Meerwasserarten und Süßwasserarten unterteilen, obwohl manche sich in beiden Gewässerarten bewegen und andere das brackige (leicht salzige) Wasser in Meeresarmen vorziehen. Alle sind in der Lage, in den tiefen Wassertemperaturen zu überleben, die mehr oder weniger das ganze Jahr über herrschen.

Obwohl sie wie Amphibien Kaltblüter sind, müssen Fische sich nicht aufwärmen, um aktiv zu werden oder zu bleiben.

Die Süßwasserfische müssen in Wassertemperaturen überleben können, die im Winter auf 0 °C fallen. Obwohl sich an der Oberfläche Eis bildet, bleibt das Wasser darunter flüssig. Bei fließenden Gewässern verhindert meist die Bewegungsenergie ein schnelles Überfrieren.

Im Meerwasser können die Temperaturen weitaus tiefer sinken. Das Salz im Wasser fungiert dabei als Frostschutz, sodass die Wassertemperatur unter 0 °C sinken kann, ohne dass es zur Eisbildung kommt. Polarfische sind mit einem „Gefrierschutz" ausgestattet, um diesen Temperaturen trotzen zu können. Ihre Körperflüssigkeiten enthalten Kombinationen aus chemischen Komponenten, den sogenannten Frostschutzproteinen (AFPs) und Frostschutz-Glykoproteinen (AFGPs). Sie ermöglichen das Überleben bei Temperaturen unter dem Gefrierpunkt, indem sie verhindern, dass sich aus Wassermolekülen Eiskristalle bilden.

Fische werden taxonomisch in zwei Klassen eingeteilt: Knochenfische und Knorpelfische. In jeder Klasse gibt es zahlreiche arktische Arten. Zu den Knochenfischarten gehören die Arktische Äsche (*Thymallus arcticus*), der Seesaibling (*Salvelinus alpinus*), die Große Maräne (*Coregonus lavaretus*), die Arktische Wandermaräne (*C. autumnalis*) und der Polardorsch (*Boreogadus saida*). Polare Knorpelfischarten sind beispielsweise der Eishai (*Somniosus microcephalus*) und der Eisrochen (*Raja hyperborea*).

Der Polardorsch wurde schon in Breitengraden bis fast 85° gesichtet, weiter nördlich als jede andere Fischart und nur 5° unter dem geografischen Nordpol. Wie andere speziell an die Kälte angepasste Arten kann er bei Wassertemperaturen über 15 °C nicht überleben. Umgekehrt besuchen andere Fische die arktischen Gewässer nur im Sommer, da sie keine Temperaturen unter 5 °C vertragen.

SCHILDKRÖTEN

Meeresschildkröten sind in tropischen und subtropischen Meeren verbreitet, legen aber während ihrer Wanderungen riesige Entfernungen zurück. Einige dieser Amphibien gelangen auch in arktische Gebiete. Die Suppenschildkröte (*Chelonia mydas*) und die Lederschildkröte (*Dermochelys coriacea*) kommen nur im Hochsommer mit warmen Strömungen aus dem Süden in nördliche Gefilde; die Letztgenannte könnte man als Warmblüter bezeichnen. Schildkröten besitzen eine Fettschicht als Isolierung und werden so mit der kalten Umgebung fertig.

Oben: Seesaiblinge besetzen als Nahrung für Meeressäuger einen wichtigen Platz in der Nahrungskette. Die meisten ihrer Eier werden von anderen Meereslebewesen gefressen.

Rechts: Anders als Fische können Meeresschildkröten nicht aktiv bleiben, wenn die Temperaturen zu niedrig sind, also wagen sie sich nur in den Sommermonaten in arktische Gewässer.

Links: Walrosse sind Nahrungsspezialisten für bodenbewohnende Organismen. Mit ihren Stoßzähnen wühlen sie den Meeresgrund auf der Suche nach Schalentieren auf.

LEBEN AN LAND

Auf dem Festland der Arktis, die sich über Teile Nordamerikas, Europas und Asiens erstreckt, ist die Fauna erstaunlich artenreich. Aufgrund der ausgedehnten Landflächen über und unter dem Polarkreis können die Tiere mit den Jahreszeiten nach Norden beziehungsweise nach Süden ziehen. So zählen auch viele Arten aufgrund ihrer räumlichen Nähe zur arktischen Region, die vielleicht besser als subarktische Arten zu klassifizieren sind.

Rund 100 Säugetierarten sind in der Arktis zu finden. Es handelt sich ausschließlich um Plazentatiere, da Beuteltiere nur in Australasien und Südamerika vorkommen. Plazentatiere tragen ihre Jungen in der Gebärmutter aus, wo sie über die Plazenta ernährt werden. Die Jungen kommen gut entwickelt zur Welt und werden zunächst durch nahrhafte Milch aus den mütterlichen Brustdrüsen ernährt.

Auch verschiedene Reptilien und Amphibien und sogar Wirbellose sind an die extremen Bedingungen der arktischen Kälte gewöhnt. Den Löwenanteil machen die Insekten aus, aber es sind auch andere Gruppen vertreten, so die Spinnentiere (Spinnen und Milben), die Schalentiere (Kellerasseln), die Diplopoden (Tausendfüßer), die Chilopoden (Hundertfüßer), die Weichtiere (Schnecken und Nacktschnecken) und die Ringelwürmer (Regenwürmer).

FLEISCHFRESSER IN DER ARKTIS

Zahlreiche Familien aus der Ordnung der Karnivoren leben in der Arktis und der Subarktis: Wölfe und Füchse, Katzen, Wiesel und Bären. Zweifellos sind die Bären die beeindruckendsten aller Fleischfresser, und einer von ihnen – der Eisbär – ist für viele von uns untrennbar mit den eisigen Weiten der Arktis verknüpft.

Eisbären

Drei Arten der Gattung *Ursus* sind in der Arktis beheimatet: der Amerikanische Schwarzbär *(Ursus americanus)*, der Braunbär *(U. arctos)* und der Polar- oder Eisbär *(U. maritimus)*. Die Reviere von Schwarz- und Braunbären liegen deutlich innerhalb des Polarkreises, aber nur der Eisbär ist an ein Leben angepasst, das sich hauptsächlich auf den Eisplatten abspielt.

Der Eisbär ist mit seinem weißlich gelben Fell besonders gut an die polare Landschaft angepasst. Es ist die ideale Tarnung bei der Jagd nach Walen und Robben über oder unter Wasser. Das Fell ist extrem dicht und wasserundurchlässig, die äußeren Fellhaare sind außerdem innen hohl, was zusätzlich zur dicken Fettschicht der Tiere zur Wärmeisolation beiträgt. Tatsächlich haben Wissenschaftler festgestellt, dass Eisbären fast keine Wärme an die Umgebung abgeben.

Vorherige Seite und rechts: Auf den ersten Blick scheint es, als hätte die arktische Landschaft dem Eisbären nicht viel Nahrung zu bieten. Sein Überleben ist jedoch gesichert, weil er oft große Beutetiere erlegt und so seinen Hunger für eine lange Zeit stillen kann, bis sich die nächste Gelegenheit zur Jagd bietet.

Der Eisbär ist fast ein Synonym für die Arktis, weil er so eindeutig in das Gebiet von Eis und Schnee gehört. Zusätzlich wird sein Bild häufig in Kindergeschichten über das Leben am Nordpol romantisiert. Natürlich kann der Eisbär als polares Wesen dieser Assoziation nicht entrinnen, aber er ist entgegen aller Darstellungen in Kinderbüchern alles andere als ein freundliches Kuscheltier.

Tatsächlich ist er ein unbarmherziger Räuber, der sogar größere Tiere als er selbst zur Strecke bringt. Allerdings liegt diese Eigenschaft in seiner Natur, ohne die er in einer so extremen Umwelt nicht überleben könnte. Eisbären ziehen häufig wochenlang umher, ohne auf etwas Fressbares zu stoßen, also müssen sie erfolgreich töten, sobald sich eine Gelegenheit ergibt.

Obwohl als Nahrungsopportunisten bekannt, sind sie doch auf Meeressäuger spezialisiert – Mitglieder der Familien der Robben und der Wale. Bei der Jagd legen sie sich auf die Lauer und überraschen das Opfer aus dem Hinterhalt. Robben und Wale müssen zum Atmen an die Wasseroberfläche kommen, und diese Schwäche nutzt der Eisbär aus. Er sitzt am Rand von Packeis oder in der Nähe eines Atemloches und wartet geduldig, bis seine Beute in Reichweite kommt.

Durch einen blitzschnellen Sprung kann der Bär den Kopf des Beutetieres mit seinen kräftigen Kiefern packen. Dann ringt er mit der Beute, bis sie ertrunken, durch den Schock oder an ihren Verletzungen gestorben ist. Der Kadaver wird anschließend aufs Eis gezogen und verzehrt.

Eisbärweibchen bringen ihre Jungen im tiefsten Winter zur Welt. Sie graben sogenannte Geburtshöhlen in Schneebänke und rollen sich dort zusammen, während sich über ihnen weiterer Schnee türmt – eine gute Isolierung vor der arktischen Witterung draußen. Die neugeborenen Jungen bleiben bei der Mutter und werden gesäugt, bis der Frühling kommt. Während dieser Zeit lebt die Mutter nur von ihren Fettreserven. Dann verlassen die Weibchen mit ihren Jungen die Höhle und beginnen zu jagen und auf Nahrungssuche zu gehen.

Vorherige Seiten: Allein das nasse Fell ist so schwer, dass ein Eisbär viel Kraft aufwenden muss, um vom Wasser auf eine Eisscholle zu gelangen. Die Pfoten dieser mächtigen Tiere sind teilweise mit Schwimmhäuten ausgerüstet, sodass sie sich leichter im Wasser bewegen können.

Rechts: Der Bestand der Eisbären ist durch die globale Erwärmung besonders bedroht. Eisbären jagen typischerweise Robben von Eisschollen aus, aber immer größere Eisflächen tauen weg. Wissenschaftler beobachten bereits einen Rückgang der Geburtenrate und eine erhöhte Sterblichkeitsrate.

Oben: Obwohl Eisbären keine natürlichen Feinde haben und in der Arktis an der Spitze der Nahrungskette stehen, heißt das nicht, dass ihre Jungen gegen jede Gefahr gefeit sind. Hungrige erwachsene Männchen greifen manchmal Jungtiere an. Die Jungen bleiben in der Regel bis zum Alter von zwei Jahren in der Nähe der Mutter.

Gegenüber: Eisbären könnten ebenso gut Meeres- oder Wasserbären heißen, da sie sehr geschickte Schwimmer sind. Das müssen sie auch, da sie den Großteil ihrer Beute im Wasser fangen. Sie können erstaunliche Entfernungen im Wasser zurücklegen; es wurden schon Eisbären in mehr als 160 km Entfernung vom Land beobachtet.

Links: Eisbärweibchen bringen meist zwei Junge zur Welt. Zwischen Befruchtung und Geburt liegen acht Monate. Einen Monat vor der Geburt ziehen sich die Weibchen in eine Schneehöhle zurück, wo die Jungen geboren werden. Auf dem Bauch der Mutter werden sie in der ersten Zeit warm gehalten.

Oben: Im Frühling, wenn die Jungen sehen und ohne Hilfe laufen können, dürfen sie sich zum ersten Mal aus der Höhle wagen. Die Jungtiere werden mit Muttermilch aufgezogen, durch deren extrem hohen Fettgehalt sie rasch an Gewicht zulegen.

Links: Eisbärjunge sind bei der Geburt sehr klein und hilflos und öffnen erst nach einem Monat ihre Augen. Feste Nahrung nehmen sie erstmals mit etwa fünf Monaten zu sich.

Vorherige Seiten: Ein reich gedeckter Tisch ist in der Wildnis selten. Während der Laichwanderungen der Lachse gibt es allerdings genug zu fressen. Bären sind Nahrungsopportunisten mit sehr weit gefächertem Geschmack, auch pflanzliche Nahrung wie Früchte und Beeren stehen auf dem Speiseplan.

Rechts: Die Geduld dieses Braunbären wurde belohnt. Lachse wandern in großer Zahl zum Laichen stromaufwärts. Obwohl viele von ihnen von Bären und anderen Tieren erbeutet werden, gelangen noch genügend Fische zu den Laichplätzen, damit die nachfolgenden Generationen Flüsse und Meere bevölkern können.

Oben: Der Amerikanische Schwarzbär ist kleiner als der Braunbär und hat eine andere Technik bei der Nahrungsbeschaffung. Er klettert geschickt auf Bäume, wo er Nesthocker und Eier frisst. Außerdem hat er eine Vorliebe für Honig und die Larven von Wildbienen, deren Nester sich oft in hohlen Bäumen finden.

Wölfe, Füchse und Katzen

Zur Familie der Hunde zählen in der Arktis Wolf *(Canis lupus)*, Kojote *(C. latrans)*, Rotfuchs *(Vulpes vulpes)* und Polarfuchs *(Alopex lagopus)*. Sie alle sind Karnivoren, vorwiegend Jäger und Aasfresser, ergänzen ihren Speisezettel aber auch durch Wirbellose und Pflanzen. Füchse jagen allein, während Wölfe und Kojoten sich zu Rudeln zusammenschließen. Zu den Hunden zählt auch der Marderhund *(Nyctereutes procyonoides)*, der als Einziger in der Familie Winterruhe hält und auf Bäume klettern kann. Im Aussehen ähnelt er eher einem Waschbären.

Die Familie der Katzen ist durch den Sibirischen Tiger *(Panthera tigris altaica)*, den Kanadischen Luchs *(Lynx canadensis)* und den Eurasischen Luchs *(L. lynx)* vertreten. Sie sind Einzelgänger und in ihrer Ernährung noch stärker auf Fleisch spezialisiert als die Hunde.

Außerdem gibt es in der Arktis Wiesel, Hermeline, Iltisse, Marder, Nerze, Zobel, Dachse, Otter und Vielfraße. Mit ihren schlanken Körpern können sie Beutetiere in beengten Umgebungen jagen, sei es unter der Erde, im Wasser oder in den Bäumen.

Zur Gattung *Mustela* gehören die Arten der Wiesel, Hermeline, Iltisse und Nerze, von denen etwa ein halbes Dutzend in der Polarregion leben. Die Gattung *Martes* umfasst wenige Marder- und Zobelarten, und Lustra ist der Gattungsname der Altweltotter. Der Dachs *(Meles meles)* bewohnt das arktische Europa, während der Vielfraß *(Gulo gulo)* in den arktischen Regionen von Asien und Nordamerika beheimatet ist.

Oben: Der Kojote ist die kleinere Version des Wolfes. Er ist auch als Präriewolf oder Heulwolf bekannt. Kojoten jagen manchmal im Rudel, manchmal zu zweit oder sogar allein, je nach Nahrungsangebot.

Links: Von *Canis lupus* sind verschiedene standörtliche Rassen bekannt. Die in der Arktis vorkommenden Tiere sind in der schneebedeckten Landschaft getarnt durch ein weißes Fell. Im Vergleich zu anderen Rassen ist das Fell länger und dicker und bietet zusätzlichen Schutz vor der Kälte.

Gegenüber: Der Polarfuchs ist der kleinste Vertreter der arktischen Hunde. Er jagt kleine Vögel und Säugetiere wie das Alpenschneehuhn und Lemminge. Seine Pfoten sind durch eine dicke Fellschicht vor Eis und Schnee geschützt.

Oben: Der Vielfraß sieht aus wie eine Kreuzung zwischen Dachs und Marder. Er ist etwa 110 cm lang und wiegt rund 25 kg. Er jagt ebenso gut am Boden wie auf Bäumen, was das Nahrungsangebot enorm vergrößert.

Links: Viele arktische Tiere, auch der Wolf, sind mit einer Art Schneeschuhen ausgerüstet. Die Pfoten sind vergrößert, um das Gewicht des Tieres beim Laufen auf weichem Schnee effektiver zu verteilen. Der besonders dichte Pelz dient der Wärmeisolation.

Folgende Seiten: Der Sibirische Tiger ist mit seinem Fell effektiv getarnt. Gefrorene hohe Gräser sind die ideale Deckung beim Lauern auf Hirsche, seine bevorzugte Beute. Der Bestand dieser herrlichen Tiere ist durch die illegale Jagd allerdings stark bedroht.

ARKTISCHE PFLANZENFRESSER

Die arktischen Paarhufer sind Klauentiere, beispielsweise wilde Schafe, Hirsche und Rinder. Für Arten innerhalb dieser Gruppe werden zum Teil ganz unterschiedliche Namen verwendet.

Es gibt zwei subarktische Schafarten, nämlich das Schneeschaf *(Ovis nivicola)* und das Dall-Schaf *(O. dalli)*. Beide haben weißliches Fell und ähneln sich in ihrem Verhalten. Sie leben in felsigen Gegenden, wo sie weiden und nach Gräsern und anderen Blattpflanzen suchen.

Schafe gehören zur selben Familie wie Rinder, die durch den Moschusochsen *(Ovibos moschatus)* vertreten sind, ein Tier von der Größe einer Kuh mit tief sitzenden Hörnern und zotteligem Fell. Moschusochsen bewohnen die arktischen Tundragebiete Nordkanadas und vieler Inseln östlich von Grönland, die in den Wintermonaten über Eisbrücken verbunden sind.

Die bekanntesten arktischen Hirscharten sind der Elch *(Alces alces)* und das Rentier oder Karibu *(Rangifer tarandus)*, die in ganz Nordamerika und Eurasien zu finden sind. Rentiere werden etwa 2 m lang und leben in großen Herden. Nomadische Völker, die ihnen bei ihren Wanderungen nach geeigneten Weidegründen seit Jahrtausenden hinterherziehen, nutzen die Tiere als Lieferanten verschiedenster Produkte. Elche sind Riesen unter den Hirschen und erreichen teilweise eine Länge von 3,50 m. Sie ziehen allein oder in kleinen Familienverbänden umher. Bei beiden Arten tragen die erwachsenen Tiere ein Geweih, bei den Elchen allerdings nur die Männchen.

Weitere subarktische Hirscharten sind das Reh und das Sibirische Reh *(Capreolus capreolus* und *C. pygargus)* sowie das Moschustier *(Moschus moschiferus)*. Diese Arten haben ein hirschtypischeres Aussehen, da sie nicht an echte arktische Bedingungen angepasst sind.

Unten: Die imposanten Elche fressen in den Wintermonaten so ziemlich jede essbare Pflanze, die sie finden. Dazu gehören auch abgestorbene Gräser, Kräuter, Moose, Flechten und Zweige.

Links: Trotz seiner Erscheinung ist der Moschusochse näher mit den Ziegen als mit den Rindern verwandt. Man kann ihn als Überlebenden der letzten Eiszeit bezeichnen, denn man weiß heute, dass er schon neben Wollmammuts und Wollnashörnern gegrast hat.

Unten: Diese Tiere werden als Bergschafe und nicht als Bergziegen bezeichnet, da sie ein wolliges Fell und einen Zwischenraum an der Hornbasis haben. Bei den Dall-Schafen tragen Männchen und Weibchen Hörner, die Hörner der Widder sind aber dicker.

Links: Der Rothirsch *(Cervus elaphus)*, in Nordamerika als Wapiti oder auch als Elk bekannt, ist in Nordamerika und Eurasien beheimatet. Auch den Elch kennt man unter dem Namen Elk, anders als dieser hat der Wapiti aber ein eher hirschartiges Erscheinungsbild. Verschiedene Unterarten fasst man heute unter dem Begriff Wapiti zusammen.

Oben: Die meisten Hirscharten wandern zu zweit oder in kleinen Gruppen, Rentierherden bestehen dagegen aus Hunderten von Tieren. Die häufigeren, von den Jahreszeiten bestimmten Wanderungen sind umso sicherer, je größer eine Herde ist. Rentierherden werden von den eingeborenen Völkern der Arktis seit Jahrhunderten gezüchtet.

Links: Werden Moschusochsen angegriffen, bilden sie zur Verteidigung einen Kreis mit den Kälbern in der Mitte. Das ist eine wirkungsvolle Maßnahme gegen Wölfe und andere natürliche Feinde, gegen die Bedrohung durch den Menschen ist sie zwecklos.

KLEINERE SÄUGETIERE

Sogar einige Fledermausarten kommen in subarktischen Gegenden vor. Alle sind Insektenfresser und auf das jahreszeitlich bedingte reichhaltige Angebot an fliegenden Insekten in den Frühlings- und Sommermonaten angewiesen. Manche Arten sind Kurzstreckenzieher, aber alle halten Winterschlaf, um die Wintermonate zu überleben.

Die am häufigsten vertretene Gattung ist *Eptesicus*, die Breitflügelfledermaus. Hierzu gehört auch die Nordfledermaus *(Eptesicus nilssoni)* aus Skandinavien. Sie lebt standorttreu in nur 100 km Entfernung vom nördlichen Polarkreis.

Die Bezeichnung „Insektenfresser“ ist etwas verwirrend, da sich Tiere dieser Gruppe nicht ausschließlich von Insekten ernähren. Im Gegenteil stehen häufig auch Würmer, Weichtiere, Schalentiere, Spinnentiere und manchmal Eier, Fische, Reptilien und Amphibien auf dem Speiseplan.

Spitzmäuse der Gattung *Sorex* sind bei weitem die am häufigsten vertretenen Insektenfresser in den subarktischen und arktischen Regionen. Es gibt ein halbes Dutzend Arten, darunter die Arktische Spitzmaus *(Sorex arcticus)*. Um überleben zu können, müssen diese Tiere täglich ihr eigenes Körpergewicht an Nahrung fressen. Auch Wasserspitzmäuse der Gattung *Neomys* und Maulwürfe der Gattung *Talpa* sind in der Subarktis zu Hause.

Hasen werden wie Kaninchen den Hasenartigen zugeordnet. Sie sind den Nagetieren zwar sehr ähnlich, haben aber beispielsweise vier Schneidezähne im Oberkiefer und nicht nur zwei. Der dritte und der vierte Zahn werden Stiftzähne genannt und sitzen direkt hinter dem ersten und zweiten Schneidezahn. Dadurch können sie auch kurzes Gras abweiden, indem sie die Halme zwischen den unteren Schneidezähnen und der Lücke oben ergreifen, wozu Nager nicht in der Lage sind.

In der Arktis ist vorwiegend die Gattung *Lepus*, die Echten Hasen, vertreten. Es gibt mehrere Arten, ein typischer Vertreter ist der Polarhase *(Lepus arcticus)*, der in Nordkanada, Teilen von Grönland und auf vielen der dazwischenliegenden Inseln beheimatet ist. Je nach Standort ist sein Fell ganzjährig weiß, oder die Fellfarbe variiert, je nach Farbe der Landschaft.

Pfeifhasen ähneln Kaninchen, haben aber kleine, runde Ohren. Der Nördliche Pfeifhase *(Ochotona hyperborea)* lebt auf felsigem Gelände zwischen Felsspalten. Für Kaninchen ist der Boden in der Arktis nicht zum Graben von unterirdischen Bauen geeignet, wahrscheinlich haben sie sich deshalb dort nicht angesiedelt.

Oben: Es gibt keine arktischen Kaninchen, weil der hart gefrorene Boden sich nicht zum Graben von Bauen eignet. Polarhasen leben überirdisch, ihr Fell ist deshalb besonders gut an die Umgebung angepasst. Bei Gefahr ducken sie sich, damit sie keinen Schatten werfen.

Rechts: Während dem Schneehasen und dem Schneeschuhhasen im Winter ein weißes Winterfell wächst, bleibt der Polarhase der Hocharktis das ganze Jahr über weiß, weil er in Regionen lebt, wo immer Schnee liegt.

Unten: Pfeifhasen haben sich an ein Leben zwischen Felsbrocken und Geröllschutt angepasst. Aufgrund ihrer geringen Größe können sie sich in Felsspalten zwängen. Sie leben meist als Einzelgänger und halten keinen Winterschlaf.

Oben: Murmeltiere zählen zu den Echten Erdhörnchen und kommen nur in kalten Regionen vor. Sie leben in ausgedehnten, vernetzten Bauen unter Berghängen und Felsblöcken.

NAGETIERE

In der Arktis finden sich über 50 Nagetierarten. Zu ihnen gehören Wühlmäuse, Mäuse, Ratten, Eichhörnchen, Lemminge, Biber, Bisamratten, Murmeltiere, Streifenhörnchen, Erdhörnchen, Stachelschweine, Waldmurmeltiere und Gleithörnchen.

Zwischen 5 cm langen Wühlmäusen und 1 m langen Bibern sind alle Größen vertreten. Manche Arten leben in Bäumen, andere auf dem Boden oder teilweise im Wasser. Ihre ständig wachsenden Schneidezähne sind sehr scharf und werden spielend mit Pflanzenmaterial wie Blättern, Stängeln, Wurzeln, Nüssen, Früchten und sogar Rinde und Holz fertig. Wenn sie zu viel nagen, nutzen sich ihre Zähne zu Stümpfen ab und müssen erst nachwachsen. Nagen sie zu wenig, wachsen die Zähne aus ihrem Maul heraus und machen die Nahrungsaufnahme unmöglich. Mit Ausnahme der Ratte leben alle Nagetiere streng vegetarisch.

Die berühmtesten Nager der Arktis sind zweifellos die Lemminge, die wie große Wühlmäuse aussehen, zu deren Gattungsgruppe sie auch gehören. Es gibt drei Gattungen mit sechs Arten. Der in der Arktis vorkommende Berglemming *(Lemmus lemmus)* ist eine Art der Echten Lemminge *(Lemmus)*, zu den Moorlemmingen gehört die Nördliche Lemmingmaus *(Synaptomys borealis)*, und der Waldlemming *(Myopus schisticolor)* ist eine Gattung mit nur einer Art. Der Nördliche Halsbandlemming *(Dicrostonyx groenlandicus)* trägt zwar ihren Namen, ist aber kein Lemming.

Lemminge vermehren sich bei gutem Nahrungsangebot rasch, sodass die Populationen schnell anwachsen. Ist dann für die vielen Tiere nicht mehr ausreichend Nahrung vorhanden, kommt es zu großen Wanderungen. Auf ihrer Futtersuche legen sie in kurzer Zeit große Strecken zurück, wobei auf ihrem Weg durch Seen und Flüsse viele der Tiere durch Ertrinken und Erschöpfung zugrunde gehen. Dass Lemminge jedoch einen Massenselbstmord begehen und sich zu Millionen ins Meer stürzen, ist eine Legende. Nach jüngsten Untersuchungen sollen Räuber wie das Hermelin für das Massensterben verantwortlich sein.

Eine weitere häufige Nagergattung ist *Microtus*, zu der die typischen Wühlmäuse gehören. Es gibt rund zehn Arten, beispielsweise die Sumpfmaus *(Microtus oeconomus)*.

Oben: Von der Technik der Biber haben wir Menschen einiges lernen können. Sie bauen Dämme über Flüsse, sodass sich Stauseen bilden. So stabilisieren sie ihre Burgen und finden unter Wasser Pflanzenmaterial als Nahrung.

Rechts: Erdhörnchen sind an das Leben auf dem festen Land angepasst, wo sie in Gemeinschaftsbauen wohnen. Der Arktische Ziesel hält als einziges arktisches Säugetier einen richtigen Winterschlaf, der bis zum Frühling andauert.

Links: Streifenhörnchen zählen innerhalb der Nagetiere zu den Hörnchen. Sie sind an den Streifen seitlich am Kopf und am Oberkörper zu erkennen. Streifenhörnchen leben in bewaldeten Gebieten südlich der Tundrazone. Manche Streifenhörnchen verstecken Samen in ihren Winterlagern und unterbrechen den Winterschlaf, um von den Vorräten zu fressen.

Weitere Wühlmausarten sind *Eothenomys lemminus*, die Ostschermaus *(Arvicola terrestris)* und die Rötelmäuse (*Myodes*-Arten). Wühlmäuse sind über die gesamte Polarregion verteilt.

Die übrigen Nagetiere bilden eine bunte Mischung, zu denen beispielsweise Murmeltiere oder Waldmurmeltiere (*Marmota*-Arten), Ziesel oder Erdhörnchen (*Spermophilus*-Arten), Biber (*Castor*-Arten), Stachelschweine (*Erethizon*-Arten), Gleithörnchen (*Pteromys*-Arten), Streifenhörnchen (*Tamias*-Arten), Eichhörnchen (*Tamiasciurus*- und *Sciurus*-Arten), Feldhüpfmäuse (*Zapus*-Arten), Waldmäuse (*Apodemus*-Arten), Echte Ratten (*Rattus*-Arten) und die Bisamratte *(Ondatra zibethicus)* gehören.

REPTILIEN

Reptilien sind wechselwarme Tiere, also Kaltblüter, ihre Körpertemperatur verändert sich also mit der ihrer Umgebung. Daher beziehen Reptilien die Energie zum Überleben hauptsächlich aus der Wärme ihres Lebensraumes. Zwar liefert ihnen die Nahrung ebenfalls Energie, aber ihr Stoffwechsel erzeugt nicht die Wärme, die für die Verdauung und die Erhaltung einer konstanten Körpertemperatur nötig wäre, wie es bei Warmblütern und Vögeln der Fall ist. Daher brauchen sie Umgebungswärme und Sonnenwärme, um interne Körpervorgänge anzukurbeln. Sind sie einmal aktiv, wird eine gewisse Wärmemenge im Körperinneren durch die Bewegung der Muskeln erzeugt.

In der Arktis ist es für Reptilien kaum möglich, sich vor dem Erfrieren zu schützen. Sie können meist nicht ausreichend Energie erzeugen, die für Bewegungen zur Nahrungssuche und zur Fortpflanzung nötig wären. Dennoch leben einige Arten am nördlichen Polarkreis oder direkt darunter. Sie schöpfen die kurze Jahreszeit voll aus, in der es für sie warm genug ist, und verbringen die übrige Zeit unter der Erde im Winterschlaf. Das ist natürlich nur bis zu der Gegend möglich, in der der Dauerfrostboden beginnt.

Zu den subarktischen Arten gehören die Waldeidechse *(Lacerta vivipara)* und die Blindschleiche *(Anguis fragilis)* sowie die Ringelnatter *(Natrix natrix)* und die Gewöhnliche Strumpfbandnatter *(Thamnophis sirtalis)*.

Die meisten Reptilien sind „ovipar", also „Eier legend", im Gegensatz zu „vivipar", was „lebend gebärend" bedeutet. Die Waldeidechse ist dagegen „ovovivipar": Sie bringt lebende Junge zur Welt, die sofort nach dem Legen aus Eiern schlüpfen und vollständig lebensfähig sind. So können sich diese Eidechsen früh paaren, müssen die Eier aber nicht legen, wenn es noch zu kalt ist. Auch die Gewöhnliche Strumpfbandnatter ist ovovivipar.

Blindschleichen legen ihre Eier in Höhlennester und bebrüten sie mit ihrer Körperwärme. Ringelnattern legen ihre Eier in Haufen verrottenden Pflanzenmaterials, sodass die Zersetzungswärme die Eier warm hält.

AMPHIBIEN

Obwohl Amphibien wie die Reptilien wechselwarm sind, bleiben ihre Körperfunktionen auch bei niedrigeren Temperaturen erhalten, und sie sind daher unter subarktischen Bedingungen zahlreicher vertreten. Amphibien und Reptilien sind ektotherm, müssen also Wärme aus der Umgebung aufnehmen, bevor sie aktiv werden können, während Säugetiere und Vögel endotherm sind und ihre Körperwärme selbst produzieren. Amphibien brauchen wie Fische und Wirbellose allerdings weniger Wärmeenergie, um aktiv zu werden oder zu bleiben.

Frösche und Kröten sind durch mehrere Froscharten der Gattung *Rana* und mehrere Krötenarten der Gattung *Bufo* vertreten, beispielsweise durch den Waldfrosch *(Rana sylvatica)* und die Nordkröte *(Bufo boreas)*. Während seines Winterschlafs lässt sich der Waldfrosch, ebenso wie die Froschart *Pseudacris maculata*, vollkommen einfrieren. In dieser Zeit befinden sich die Tiere in einem kryogenen Zustand, in dem Herz und Gehirn nicht arbeiten, bis sie im Frühling wieder auftauen. In ihren Zellen befindet sich Glukose, die bis etwa –7 °C als Gefrierschutz wirkt, sodass das Wasser keine Eiskristalle bildet, die die Zellen zerstören würden. Alle subarktischen Amphibien sind auf ähnliche Weise mit Schutzmechanismen gegen das Erfrieren ausgerüstet.

Es gibt auch Molche und Salamander in der Arktis. Im Gegensatz zu Fröschen und Kröten haben sie sowohl im Larvenstadium als auch als erwachsene Tiere einen Schwanz. Zu den vertretenen Arten gehören der Nördliche Kammmolch *(Triturus cristatus)*, der Rauhäutige Gelbbauchmolch *(Taricha granulosa)*, der Zierliche Querzahnmolch *(Ambystoma gracile)* und der Langzehen-Salamander *(A. macrodactylum)*.

Frösche und Kröten halten meist unter einer Schicht aus Laub und Schnee Winterschlaf, während Molche und Salamander eher im schlammigen Boden unter überfrorenem Wasser überwintern.

Alle Amphibien brauchen Süßwasser für die Fortpflanzung. Sie legen ihre Eier im Wasser ab, aus denen dann Larven schlüpfen, die bei den Froschlurchen auch Kaulquappen genannt werden. Die Larven von Molchen und Salamandern haben fedrige Kiemen und entwickeln früh vier Beine, wodurch sie ein wenig wie Miniaturdrachen mit Halskrausen aussehen.

Oben: Amphibien wie dieser Waldfrosch sind wechselwarm, müssen sich aber nicht wie Reptilien erst aufwärmen, um aktiv zu werden. In dieser Hinsicht ähneln sie eher den Fischen. Ein Gefrierschutz in den Blut- und Körperzellen lässt sie die kalten Winter überstehen.

Links: Reptilien wie diese Gewöhnliche Strumpfbandnatter sind in der Arktis selten, da sie wärmere Klimazonen bevorzugen. Arten, die hoch im Norden überleben können, sind meistens dunkel gefärbt, sodass sie die Sonnenstrahlung optimal über die Haut aufnehmen können.

ARKTISCHE VÖGEL

Die Vogelwelt der Arktis ist vielfältig. Es gibt Meeresvögel, die an den Küsten leben und im Meer auf Nahrungssuche gehen, Wasservögel, Watvögel, Raubvögel und sogar einige Singvögel.

ALKE

In der südlichen Hemisphäre dominiert die Pinguinfamilie, die nördliche Hemisphäre ist das Terrain der Alke. Pinguine und Alkenvögel sind ein Beispiel für das Phänomen der konvergenten Evolution. Obwohl sie nur entfernt verwandt sind, haben sie sich auf vergleichbare Weise ihrer Umwelt angepasst.

Einige Arten aus der Familie der Alkenvögel ähneln in polaren Regionen den Pinguinen. Außer dem bereits ausgestorbenen Riesenalk können diese aber fliegen. Es gibt verschiedene Gattungen und Arten, wobei vor allem die Gattungen *Alca*, mit der Art Tordalk, die Lummen *(Uria)*, *Cephus* mit Taubenteiste und Gryllteiste, und *Brachyramphus* mit der Art Kurzschnabelalk zu nennen sind. Bedeutend sind unter anderem die Gattung *Fratercula* mit dem Papageitaucher, der Silberalk *(Synthliboramphus antiquus)* und der Krabbentaucher *(Alle alle)*.

Der Riesenalk *(Alca impennis)* lebte in großer Zahl im und um den Nordatlantik. Er war sehr groß und so gut an das Leben im Wasser angepasst, dass er die Fähigkeit zu fliegen verloren hatte. Diese Tatsache erwies sich letztendlich aber als sein Untergang. Über Jahrhunderte hatten Seefahrer und Forscher den Riesenalk als Nahrungsquelle in Form von Fleisch und Eiern gejagt. Mitte des 17. Jahrhunderts stieg dann in der westlichen Welt die Nachfrage nach Federn als Füllung für Bettzeug. 1844 wurden deshalb die letzten Riesenalke auf einer Insel vor Island getötet.

Der ursprüngliche Name für den Riesenalk war Pinguin. Er wurde wegen der verblüffenden Ähnlichkeit, die Seefahrer und Forscher in Erscheinungsbild und Verhalten beider Vogelfamilien bemerkten, auf die Familie der Pinguine übertragen. Außerdem waren natürlich keine echten „Pinguine“, also Riesenalke, mehr am Leben. Der Name „Pinguin“ leitet sich offenbar vom lateinischen *penna-gigno* ab, was so viel heißt wie „Federlieferant“.

Die meisten Alkenvögelarten leben an arktischen und subarktischen Küsten und Gewässern, entweder im Nordatlantik oder im Nordpazifik. Alle sind flugfähig, obwohl die Flügel stark verkürzt sind und sie nur durch sehr rasche Flügelschläge abheben und sich in der Luft halten können. Dies ist ein evolutionärer Kompromiss, da sie ihre Flügel auf der Jagd nach Fischen, Tintenfischen und Schalentieren auch als Flossen für die Fortbewegung und Steuerung unter Wasser benutzen müssen, wo die geringe Flügelgröße von Vorteil ist.

Vorherige Seite: Der Tordalk ist die vielleicht archetypischste Alkart, aus der sich alle anderen größeren und kleineren Arten entwickelt haben. Er sieht dem Riesenalk wahrscheinlich sehr ähnlich. Eine Population im zweistelligen Millionenbereich wurde im Nordatlantik durch die Jagd ausgerottet.

Oben: Der Gelbschopflund (oben) lebt im Nordpazifik, der Papageitaucher dagegen im Nordatlantik und im Arktischen Ozean. Die dritte Art der Gattung *Fratercula* – der Hornlund – lebt an den Küsten Sibiriens und Alaskas. Alle drei Arten überwintern weit draußen auf dem offenen Meer.

Rechts: Alke haben typischerweise ein schwarz-weißes Gefieder, nur die Arten der Gattung *Fratercula* sind mit bunten Schnäbeln geschmückt. Wahrscheinlich zeigen diese die Brutbereitschaft an, da sich im Frühling eine Hornscheide in leuchtenden Farben ausbildet, die im Herbst nach der Brutperiode abgeworfen wird.

Oben: Die kleinsten Alke gehören zu den Gattungen *Ptychoramphus*, *Cyclorrhynchus*, *Aethia* und *Cerorhinca*. Diese Schopfalke *(Aethia cristatella)* sind mit einem extravaganten Federschopf über dem Schnabel ausgestattet, der die Brutbereitschaft anzeigt und Artgenossen beeindrucken und anziehen soll.

Links: Lummen sehen Arten aus der Gattung *Alca* sehr ähnlich, sind aber etwas graziler und haben schlankere Schnäbel. Die Gattungen *Alca* und *Uria* nisten häufig in gemischten Kolonien; so können Ornithologen die beiden Gattungen leicht vergleichen und unterscheiden.

WASSERVÖGEL

Es gibt fast 200 erfasste Wasservogelarten in den arktischen und subarktischen Regionen. Alle sind in gewissem Maße Zugvögel, da sie im Winter aus der Arktis fortziehen, um Futter zu suchen.

Entenvögel mit der Unterfamilie der Enten, Gänse, ebenfalls eine Unterfamilie der Entenvögel, und Schwäne, die auch zur Familie der Entenvögel gehören, sind hauptsächlich Pflanzenfresser, die Pflanzen im Wasser und an Land abweiden. Sie ergänzen ihren Speiseplan aber auch durch Insekten und andere Wirbellose. Diese Wasservögel haben voll ausgeprägte Schwimmfüße und flache Schnäbel. Es gibt rund 50 arktische Arten.

Die Unterfamilie der Enten wird in die Stämme Tauchenten, Meerenten, Ruderenten und Gründelenten eingeteilt. Zu den Meerenten gehören die *Bucephala*-Arten und die Kragenente *(Histrionicus histrionicus)*, die Eiderenten *(Somateria*-Arten*)*, die *Melanitta*-Arten und die Säger (*Mergus*-Arten), die Scheckente *(Polysticta stelleri)* und die Eisente *(Clangula hyemalis)*, zu den Tauchenten die *Aythya*-Arten. Zahlreiche Arten werden auch den Eigentlichen Enten (*Anas*-Arten) zugeordnet.

Die Gänse werden in zwei Gattungen eingeteilt, die Echten Gänse oder Feldgänse *(Anser)* und die Meergänse *(Branta)*, Schwäne sind in der Gattung *Cygnus* zusammengefasst, beispielsweise der Pfeifschwan *(Cygnus columbianus)*.

Seetaucher und Lappentaucher ähneln den Entenvögeln, haben aber spitze Schnäbel, und die Beine sitzen so weit hinten am Körper an, dass sie zum Laufen kaum taugen. Dafür können sie hervorragend tauchen. Der Prachttaucher *(Gavia arctica)* lebt in der gesamten Polarregion. Zur Familie der Lappentaucher zählt der Ohrentaucher *(Podiceps auritus)*. Seetaucher und Lappentaucher sind Allesfresser und ernähren sich unter anderem von kleinen Fischen, Amphibien und wirbellosen Wassertieren.

Die Familie der Rallenvögel ist nur vereinzelt in subpolare Regionen vorgedrungen. Mit ihren in der Mitte des Körpers ansetzenden Beinen können sie sehr gut auf Wasserpflanzen laufen und balancieren.

Gegenüber: Viele Wasservögel ziehen mit den Jahreszeiten in die arktische Tundra oder aus ihr fort. In den Sommermonaten füttern Pfeifschwäne ihre Küken mit frischen Pflanzentrieben und Wasserinsekten. Erwachsene und Jungtiere ziehen dann für die Wintermonate in den Süden.

Oben: Schneegänse werden in zwei Unterarten eingeteilt: die Große Schneegans und die Kleine Schneegans. Außerdem unterscheidet man verschiedene Farbvariationen, und zwar Weiß und Blau bis Dunkel. Dazwischen können allerdings auch farbliche Übergänge vorkommen.

Sie leben in Sümpfen und verteilen ihr Gewicht gleichmäßig durch Schwimmlappen an den Füßen. Blesshuhn *(Fulica atra)* und Amerikanisches Blesshuhn *(F. americana)* zeigen ein unerschrockenes Verhalten, während die Rallen, wie die Wasserralle *(Rallus aquaticus)*, eher scheu sind und im Verborgenen leben.

Kormorane sind mittelgroße Wasservögel, die auf dem Meer leben und mit ihrem gebogenen Schnabel nach Fischen jagen. Sie lassen ihre Flügel nach dem Tauchen trocknen, indem sie sie vom Körper abspreizen, da ihre Federn anders als bei anderen Wasservögeln nicht mit Fetten gegen Wasser imprägniert ist. Die Krähenscharbe *(Phalacrocorax aristotelis)* taucht fast den ganzen Tag in den Gewässern vor Island und Lappland nach Nahrung.

Der Basstölpel *(Morus bassanus)* ist als einziges Mitglied der Familie der Tölpel in arktischen Gewässern beheimatet. Er ähnelt einer sehr großen Möwe und taucht auf der Jagd nach Fischen in Sturzflügen ins Meer. Sein Verbreitungsgebiet erstreckt sich bis in isländische und skandinavische Gewässer.

Möwen und Seeschwalben gehören zur Familie *Laridae*. Etwa ein Dutzend Möwenarten der Gattung *Larus* besetzen so ziemlich jeden Lebensraum, den die Region zu bieten hat. Es sind typischerweise weiße Vögel mit gräulichem Rücken und schwarzen Flügelspitzen; zu ihnen gehören die Silbermöwe *(Larus argentatus)*, die Eismöwe *(L. hyperboreus)* und die Polarmöwe *(L. glaucoides)*. Weitere arktische Möwen sind beispielsweise die Schwalbenmöwe *(Xema sabini)*, die Elfenbeinmöwe *(Pagophila eburnea)*, die Dreizehenmöwe *(Rissa tridactyla)* und die Rosenmöwe *(Rhodostethia rosea)*.

Seeschwalben ähneln Möwen, sind aber kleiner und leichter gebaut. Sie unternehmen Tauchgänge aus dem Sturzflug heraus auf der Jagd nach kleinen Fischen wie Sandaalen. Die Küstenseeschwalbe *(Sterna paradisaea)* unternimmt die längsten Wanderungen im gesamten Tierreich. Sie brütet innerhalb des

Oben: Dreizehenmöwen gehören zur Möwenfamilie, haben sich aber an ein Leben an steilen Felsklippen angepasst, wo sie neben Alken nisten. Ihr englischer Name „kittiwake" ist eine Imitation ihres Rufes, der sich deutlich vom typischen Kreischen und Schreien anderer Möwen unterscheidet.

nördlichen Polarkreises, überwintert jedoch in der Antarktis. Dazu legt sie jedes Jahr etwa 35 000 km zurück.

Raubmöwen sind den Möwen ähnlich, jedoch überwiegend braun statt weiß gefärbt. Sie haben sich darauf spezialisiert, anderen Meeresvögeln ihre Nahrung abzujagen. Innerhalb der beiden Gattungen sind die Schmarotzerraubmöwe *(Stercorarius parasiticus)* und die Große Raubmöwe *(Catharacta skua)* gute Beispiele.

Einige Vögel, darunter der Eissturmvogel *(Fulmaris glacialis)* und der Schwarzschnabelsturmtaucher *(Puffinus puffinus)*, werden als Röhrennasen bezeichnet, da sie röhrenähnliche Nasenlöcher über ihren Schnäbeln haben. Die geschickten Flieger können lange Zeit in der Luft bleiben.

Oben: Die Küstenseeschwalbe ist für ihre Züge zwischen den Polarregionen berühmt. Wahrscheinlich begannen diese Wanderungen, als die letzte Eiszeit die Polargebiete deutlich näher zusammenbrachte. Als sich die Eiskappen zurückzogen, mussten die Seeschwalben jedes Jahr weiter ziehen.

Oben: Kraniche wie dieser Kanadakranich sind die Nahrungsgeneralisten unter den Watvögeln. Sie haben lange, nackte Beine, mit denen sie in recht tiefem Wasser waten können, wo sie Nahrung in Form von Wassertieren finden. Sie fressen Fische, Amphibien, Reptilien, kleine Säugetiere, Insekten und andere Wirbellose.

Links: Ein erwachsener Prachttaucher mit einem Jungtier. Seetaucher sind so gut an ihren Lebensraum Wasser angepasst, dass sie aus Furcht vor Raubtieren nur ungern an Land gehen. Deshalb nisten sie auch lieber auf kleinen Inseln.

Links: Trotz seines Aussehens ist der Eissturmvogel nicht so eng mit den Möwen verwandt. Eigentlich ist er ein Miniatur-Albatros. Im Flug erkennt man die schmalen steifen Flügel, mit denen er mühelos auf den Thermikströmungen dahingleiten kann. Wie seine größeren Verwandten hat auch er röhrenförmige Nasenlöcher.

Links: Die Pfeifente ist gut erkennbar durch den reinweißen Spiegel, einen Farbfleck auf den Armschwingen des Flügels, der sowohl in Ruhe als auch im Flug sichtbar ist. Der englische Name „wigeon" wird für eine Verkürzung von „water pigeon" (Wassertaube) gehalten, da die Ente ein eher taubenähnliches Gefieder hat.

Unten: Bei einem Schwarm Prachteiderenten lassen sich Erpel und Enten gut unterscheiden. Erpel tragen ein prachtvolles Federkleid, während die Weibchen unauffällig gefärbt sind. Diese Tarnung dient dazu, um während des Ausbrütens der Eier nicht von Räubern entdeckt zu werden. Die Männchen patrouillieren in einiger Entfernung vom Nest.

WATVÖGEL

Alle Watvögel haben überproportional lange Beine, um im flachen Wasser zu waten, und typischerweise lange Schnäbel, um in Schlamm, Schlick und Sand nach Nahrung zu stochern. Watvögel bilden die Ordnung der Regenpfeiferartigen mit kleineren Arten, wie Wasserläufer und Regenpfeifer, und größeren Arten wie Kraniche und Reiher.

Rund 50 arktische Watvögel gehören zu dieser Familie. Neben den Regenpfeifern selbst findet man Schnepfen, Brachvögel, Wasserläufer und Wassertreter, Steinwälzer, Knutter, Gelbschenkel, Alpenstrandläufer, Schlammläufer, Kampfläufer, Sanderlinge, Wanderwasserläufer und Gischtläufer. Im küstennahen Flachwasser suchen sie nach Nahrung. Ihre Schnäbel sind in einer Vielzahl von Formen und Größen ausgeprägt, ein Hinweis auf ihre Nahrungsspezialisierung in etwas unterschiedlichen Ökonischen an Stränden und im Schlickwatt.

Vogelarten der Gattungen *Calidris* und *Tringa* stellen mehr als die Hälfte der Regenpfeiferartigen in dieser Region. Der Meerstrandläufer *(Calidris maritima)* und der Waldwasserläufer *(Tringa ochropus)* gehören dazu.

Die Wassertreter (Gattung *Phalaropus*) sind interessant, da die Geschlechterrollen hier umgekehrt sind. Die Männchen zeigen eine schlichte Färbung und kümmern sich um Eier und Küken, während die Weibchen bunt gefärbt sind und balzen.

Der Eskimo-Brachvogel *(Numenius borealis)* ist ebenfalls erwähnenswert, da er möglicherweise bereits ausgerottet ist. In Nordamerika gab es Millionen dieser Vögel, bis der Bestand durch die uneingeschränkte Jagd zu Nahrungszwecken im späten 19. Jahrhundert drastisch sank. In den 1970er-Jahren hielt man sie bereits für ausgerottet, in den frühen 1980er-Jahren wurden wieder Tiere gesichtet. Seither wurden keine bestätigten Sichtungen mehr gemeldet. Die Vögel zogen zwischen der arktischen Tundra und dem Grasland der USA hin und her, das seither für die Landwirtschaft genutzt wird. Der zusätzliche Verlust an Lebensraum könnte dem Eskimo-Brachvogel tatsächlich den „Todesstoß" gegeben haben.

Mitglieder der Familie der Regenpfeifer sind den Wasserläufern ähnlich, haben aber einen kürzeren Schnabel. Verschiedene Arten und Gattungen gehören den Unterfamilien der Eigentlichen Regenpfeifer (*Pluvialis-* und *Charadrius*-Arten) und der Kiebitze (*Vanellus*-Arten) an. Auch der Mornellregenpfeifer zählt zu den Eigentlichen Regenpfeifern. Es gibt etwa zehn Arten in der Arktis. Sie haben kürzere Beine und längere Köpfe als Wasserläufer.

Auch die Austernfischer sind Watvögel, die mit ihren kräftigen rötlichen Schnäbeln in Gezeitentümpeln und Felsspalten nach Weichtieren, Schalentieren und Würmern stochern. Beispiele im hohen Norden sind die arktische und die sibirische Rasse des Austernfischers *(Haematopus ostralegus)*.

Kraniche ernähren sich von größeren Beutetieren wie Fischen, Fröschen und Insekten. Die hier vertretenen Arten gehören zur Unterfamilie der Echten Kraniche – zur Gattung *Grus*. Es sind der Graue Kranich *(Grus grus)*, der Kanadakranich *(G. canadensis)* und der Nonnenkranich *(G. leucogeranus)*.

Oben: Der Brachvogel kann tiefer in Schlamm und Sand stochern als die meisten anderen Watvogelarten. Die Schnäbel der Watvögel haben unterschiedliche Formen, weil jede Art auf eine andere Beute spezialisiert ist, um eine direkte Nahrungskonkurrenz zu vermeiden.

Folgende Seiten: Kleine Watvögel, wie diese Wasserläufer, wandern und fressen in großen Schwärmen, in denen sich auch verschiedene Arten zusammenfinden. Ein Beispiel für das Motto „Gemeinsam sind wir stark", denn ein großer Schwarm kann Raubtiere, die einen einzelnen Vogel leicht erbeuten würden, gründlich verwirren.

AN LAND LEBENDE VÖGEL

In der Arktis und Subarktis gibt es ebenso viele Landvögel wie Wasservögel – rund 200 Arten. Man unterscheidet die große Ordnung der Sperlingsvögel, auch Baumvögel genannt, von den Nichtsperlingsvögel.

Darüber hinaus werden die Sperlingsvögel weiter unterteilt in die Unterordnungen der Singvögel und der Schreivögel. Erstere könnte man als „Altwelt"-Vögel bezeichnen, denn sie stammen ursprünglich aus Afrika-Eurasien und haben voll entwickelte Singorgane. Die Unterordnung der Schreivögel sind überwiegend, jedoch nicht ausschließlich, „Neuwelt"-Vögel, also nord- und südamerikanische Arten, mit weniger gut entwickelten Stimmorganen. Die Sperlingsvögel sind eine sehr große Ordnung und stellen 60 % aller Vogelarten.

Alle Sperlings- oder Baumvögel haben einen Mechanismus in den Beinen, der ihre Zehen unter dem Gewicht des Körpers einrasten lässt. Dadurch können sie ohne Muskelanstrengung auf Bäumen sitzen. Umgekehrt lösen die Zehen ihren Griff, sobald das Gewicht fortgenommen wird, und die Bänder lockern sich. Da die Vögel sich auf diese Weise besonders gut auf Bäumen halten können, werden sie auch Baumvögel genannt.

Die kleinsten Sperlingsvogelarten sind die Goldhähnchen (*Regulus*-Arten), die größten die Raben (*Corvus*-Arten). Die meisten Arten sind also kleine bis mittelgroße Vögel.

Oben: Wie alle Meisen fressen auch Hudsonmeisen Insekten. Im Winter suchen sie die Bäume nach Wirbellosen ab, die gerade ihren Winterschlaf halten. Wegen ihrer geringen Größe reichen ihnen kleinste Bissen zum Überleben.

Sperlingsvögel

Sperlingsvögel sind eher unauffällig. Mit einem schlichten Gefieder sind auch die Männchen ausgestattet, vor allem aber die Weibchen, was nicht gerade zu ihrer Beliebtheit beiträgt. Englischsprachige Ornithologen nennen sie auch liebevoll „SBBs" (small brown birds = kleine braune Vögel).

Die Familie der Grasmückenartigen ist ein gutes Beispiel dieser unspektakulären Einheitlichkeit, da selbst ein geübtes Auge zwei Arten häufig nur unter Schwierigkeiten voneinander unterscheiden kann. Der Nordische Laubsänger *(Phylloscopus borealis)* sei hier stellvertretend genannt, ebenso wie die große Gattung der Grasmücken *(Sylvia)* mit ihrem graubraunen Federkleid.

Eine ähnliche Vogelfamilie sind die Stelzen und Pieper. Anders als die Grasmücken leben und nisten diese Vögel am Boden. Diese Singvögel wippen ständig mit ihrem langen Schwanz, während sie auf Nahrungssuche umherlaufen. Hierzu gehören beispielsweise die Zitronenstelze *(Motacilla citreola)* und der Strandpieper *(Anthus petrosus)*. Sie leben an der Küste, wo sie auf die Jagd nach Insekten und anderen kleinen Wirbellosen gehen.

Zur Familie der Fliegenschnäpper zählt die Unterfamilie der Eigentlichen Fliegenschnäpper. Umstritten ist dagegen die Einordnung der Schmätzer als weitere Unterfamilie. Fliegenschnäpper haben sich, wie der Name schon sagt, auf die Jagd nach fliegenden Insekten spezialisiert. Meistens unternehmen sie kurze Abflüge von ihren Lieblingsplätzen aus, wo sie aufrecht sitzen, um das Gebiet möglichst gut überblicken zu können. Zu den Fliegenschnäppern zählen der Grauschnäpper *(Musicapa striata)* und der Erlenschnäppertyrann *(Empidonax alnorum)*.

Außerdem gibt es in den subpolaren Gebieten der Arktis noch die Familien der Sperlinge, der Finken und der Ammern. Beispiele aus den drei Familien sind der Feldsperling *(Passer montanus)*, der Buchfink *(Fringilla coelebs)* und die Waldammer *(Emberiza rustica)*.

Die mittelgroßen Sperlingsvögel der Arktis gehören zur Familie der Drosseln, die 19 Gattungen und zahlreiche Arten umfasst.

Alle Arten haben eine typische Drossel-Körperform. Die Gattung *Turdus* enthält die Echten Drosseln wie die Rotdrossel *(Turdus iliacus)* und die Wacholderdrossel *(T. pilaris)*. In anderen Drosselgattungen sind beispielsweise die Einsiedlerdrossel *(Catharus guttatus)* und die Halsbanddrossel *(Ixoreus naevius)* vertreten.

Die großen arktischen Sperlingsvögel gehören zur Familie der Raben und Krähen. Diese wird grob in Krähen, Elstern und Eichelhäher unterteilt. Die Krähen sind in der Regel grauschwarz, die anderen Mitglieder der Familie dagegen gescheckt oder zweifarbig. Alle haben einen etwas krächzenden Ruf und singen nicht. Zu den arktischen Arten gehören die Nebelkrähe *(Corvus cornix)*, die Elster *(Pica pica)* und der Unglückshäher *(Perisoreus infaustus)*.

Im Gegensatz zu den Raben und Krähen stehen die kleinsten Sperlingsvögel: Meisen, Goldhähnchen und Zaunkönige. Diese winzigen Vögel fressen kleine Wirbellose wie Blattläuse, Raupen und Spinnen, die sich im Laub verstecken.

Oben: Dieser Kronwaldsänger ist einer von vielen kleinen Sperlingsvögeln, die sich bis in die Arktis vorwagen, um sich an den zahlreichen fliegenden Insekten gütlich zu tun, die in jedem Frühling hervorkommen. Offensichtlich lohnt sich der Zug aus dem fernen Süden für diese kleinen Vögel.

Links: Krähen sind Nahrungsopportunisten und Aasfresser. Dieses Tier ist auf Erkundungsflug, um festzustellen, ob der Eisbär ihm vielleicht einige Bröckchen übrig lässt. Ein solches Verhalten erfordert ein gewisses Maß an List und Intelligenz; Krähen besitzen beides.

Nichtsperlingsvögel

Die nicht zu den Sperlingsvögeln zählenden Landvögel bilden eine weitaus unterschiedlichere Gruppe, da sie verschiedenen Ordnungen angehören. Die vielleicht am besten an die arktische Umwelt angepasste Gattung ist die der Schneehühner aus der Familie der Waldhühner. Sie sind in Schnee und Eis zu Hause und gelten als Standvögel. Mit dem weißen Wintergefieder sind sie gut vor Räubern getarnt, im Sommer ist das Federkleid gesprenkelt, sodass sie vor felsigem Untergrund kaum zu sehen sind. Zu den Waldhühnern zählen das Alpenschneehuhn *(Lagopus mutus)* und das Moorschneehuhn *(L. lagopus)*.

Unter den Feinden des Waldhuhns, ebenso wie anderer Vögel und kleiner Säugetiere, sind die Raub- oder Greifvögel. Man unterscheidet die Eulen von den anderen Greifvögeln wie Falken, Habichten und Adlern, denn Eulen sind nachtaktiv, während alle anderen meist tagsüber jagen. In der Arktis gelten diese Regeln nicht so streng, weil es im Sommer lange hell bleibt.

Um direkte Nahrungskonkurrenz untereinander zu vermeiden, stehen verschiedene Beutetiere auf dem Speiseplan der einzelnen Eulenarten. Vor allem jagen Eulen kleine bis mittelgroße Säugetiere und Vögel, fressen aber auch Würmer und andere Wirbellose. Die meisten Eulen nördlicher Breiten sind groß und

so besser gegen die kalte Witterung gewappnet, vor allem wenn sie ganzjährig in ihrem Gebiet bleiben.

Zur Gattung *Bubo* gehören der Uhu *(Bubo bubo)* und der Virginia-Uhu *(B. virginianus)*, während zur Gattung *Strix* der Bartkauz *(Strix nebulosa)* und der Habichtskauz *(S. uralensis)* gerechnet werden.

Die Sperbereule *(Surnia ulula)* sieht in der Tat dem Sperber sehr ähnlich und hat sich auf die Jagd nach Sperlingsvögeln spezialisiert. Die klassische arktische Eule ist die Schneeeule *(Nyctea scandiaca)*. Sie ernährt sich von kleinen Säugetieren, vor allem von Lemmingen.

Schneeeulen sind Bodenbrüter, da sie Tundragebiete bewohnen, wo es keine geeigneten Bäume gibt. Ihre Feinde sind größere räuberische Säugetiere, doch die großen, kräftigen Vögel wissen ihre Eier und Küken sehr wirkungsvoll zu verteidigen.

Um beim Jagen Energie zu sparen, begeben sich Schneeeulen an einen Aussichtspunkt, etwa einen Hügel, wo sie sitzen und ihre Umgebung beobachten. Sobald sie im Unterholz eine Bewegung entdecken, fliegen sie auf und stürzen sich auf die Beute. Neben Lemmingen fressen sie auch Polarhasen und Waldhühner sowie andere kleine Säuger oder Vögel.

Andere Raubvögel sind in Familien eingeteilt. Man unterscheidet Größe und Flügelform sowie andere Einzelheiten. Es gibt Adler und Seeadler (*Aquila-* und *Haliaeetus*-Arten), Bussarde (*Buteo*-Arten), Habichte (*Accipiter*-Arten), Weihen (*Circus*-Arten), Falken (*Falco*-Arten) und den Fischadler *(Pandion haliaetus)*.

Aufgrund der unterschiedlichen Größen sind Raubvogelarten auf bestimmte Beutetiertypen spezialisiert und vermeiden so die direkte Nahrungskonkurrenz untereinander. Es werden vor allem Säugetiere, andere Vögel, Reptilien, Amphibien, Fische und Wirbellose gejagt.

In den bewaldeten Gebieten des subarktischen Gürtels fühlen sich einige Spechtarten sehr wohl. Spechte jagen hauptsächlich Larven von Käfern und Motten, die sich in Holz bohren. Sie haben kräftige Schnäbel, um in das Holz einzudringen, und bekrallte Füße, mit denen sie sich am Baumstamm festhalten können. Zu den Mitgliedern der Gattung *Picoides* gehören der Dreizehenspecht *(Picoides tridactylus)* und der Dunenspecht *(P. pubescens)*. Arten aus anderen Gattungen sind beispielsweise der Schwarzspecht (Dryocopus martius), der Goldspecht *(Colaptes auratus)* und der Buntspecht *(Dendrocopus*-Arten*)*.

Eine ähnliche Lebensweise haben die Baumläufer *(Certhia*-Arten*)* und Kleiber (*Sitta*-Arten), die zu den Sperlingsvögeln gehören. Als Faustregel gilt: Baumläufer arbeiten sich aufrecht von unten nach oben an einem Baum voran, während Kleiber den umgekehrten Weg nehmen und ihn kopfüber von oben nach unten bearbeiten. So können sie unterschiedliche Nahrungsressourcen im selben Lebensraum nutzen. Der Specht hat sich auf das Nahrungsangebot unter der Baumrinde spezialisiert.

Bemerkenswerterweise gibt es sogar eine Eisvogelart in der Arktis. Das Verbreitungsgebiet des Gürtelfischers *(Megaceryle alcyon)* reicht in der sommerlichen Brutperiode weit bis in die arktischen Regionen von Nordamerika. Mit 35 cm Länge handelt es sich um eine große Art, die tiefere Temperaturen verträgt. Sie nutzt das jahreszeitliche Angebot an kleinen Fischen in den Flüssen, die in die arktischen Gewässer fließen.

Gegenüber: Einer der Raubvögel, die ganz oben in der Nahrungskette stehen, ist der prächtige Steinadler. Er kann Beutetiere von der Größe eines Hirsches erlegen, hat also ein breites Beutespektrum. Die Witterung in den Wintermonaten erleichtert dem Adler die Jagd, weil sie seinen Opfern die Flucht erschwert.

Oben: Ein Alpenschneehuhn in seinem unauffälligen Sommergefieder, das ihm Tarnung vor dem Hintergrund aus Felsen und Steinen bietet. Im Winter wird das Gefieder weiß, mit Ausnahme des schwarzen Schwanzes und eines schwarzen Bands zwischen Auge und Schnabel.

Rechts: Das Sommergefieder des Moorschneehuhns ist von dunklerem Braun, im Winterkleid ist es vom Alpenschneehuhn jedoch fast nicht zu unterscheiden. Allerdings hat das Moorschneehuhn keine schwarzen Abzeichen im Gesicht, wie hier deutlich zu erkennen ist. Beide Arten werden manchmal als Schneehühner bezeichnet.

Oben: Der Gürtelfischer ist äußerlich kein typischer Arktisbesucher, aber der Sommer bringt eine Überfülle an kleinen Fischen, mit denen der Vogel seine Jungen füttern kann. Bei dieser Art ist das Weibchen mit seinen rötlichen Flanken und dem roten Brustband bunter als das Männchen, was in der Vogelwelt selten ist.

Links: Der prächtige Gerfalke ist die größte Falkenart. Die Grundfarbe der nördlichen Rasse ist Weiß, südlichere Rassen sind eher graubraun. Er fliegt bei der Jagd in hoher Geschwindigkeit kurz über dem Boden und überrascht auf diese Weise bodenlebende Vögel und Säuger.

Folgende Seiten: Die Schneeeule ist an das Leben in der arktischen Tundra angepasst, wo es keine Bäume zum Nisten gibt. Daher muss sie ihr Nest auf dem Boden bauen. Hier ist ein Weibchen zu sehen, die Männchen sind deutlich weniger gezeichnet. Es sitzt auf seinem Nest, um die verborgenen Eier oder Küken zu wärmen.

DIE ANTARKTIS

Als die Apollo 17 sich im Dezember 1972 auf den Weg zum Mond machte, schaute ein Crewmitglied zurück auf die Erde und machte das berühmte Foto, auf dem unser blauer Planet zu sehen ist; die hell erleuchtete südliche Eiskappe im All erstrahlend. Das ist der antarktische Kontinent – der kälteste und einsamste Ort auf Erden, vollständig bedeckt von einer über 2 km dicken Eisschicht. Hier befinden sich 70 % des Süßwassers der Erde sowie 90 % des Eises. Die Antarktis ist ein Land der Extreme.

Die Durchschnittstemperatur im Landesinneren liegt bei rund –45 °C, an den Küsten wurden Windgeschwindigkeiten von bis zu 320 km/h gemessen. Nur sehr wenige Tiere können hier überleben, und die fehlenden Fluchtmöglichkeiten in wärmere Klimazonen erklären, warum Flora und Fauna in der Antarktis weniger vielfältig sind als in der Arktis. Diejenigen Arten, die sich dennoch angesiedelt haben, sind allerdings überaus faszinierend und bemerkenswert ...

DIE ANTARKTISCHE LANDSCHAFT

Die Bewegung der Erde um die Sonne hat genau denselben Einfluss auf die Antarktis wie auf die Arktis. Um das vollständig zu verstehen, muss man versuchen, sich die Erde ohne „Oben" und „Unten" vorzustellen. Die Antarktis könnte ebenso gut oben auf dem Planeten sein, denn bei beiden Polen gelten stets dieselben Winkel. Beide Pole erleben denselben Mangel an Sonnenlicht im Winter und dieselbe übermäßige Bestrahlung durch das Sonnenlicht im Sommer, nur sind die Jahreszeiten um jeweils sechs Monate verschoben.

Was die Antarktis und die Arktis wirklich voneinander unterscheidet, ist ihre diametral entgegengesetzte Geografie. Die Antarktis ist eine vom Meer umgebene Landmasse, die Arktis dagegen ein von Landmassen umgebenes Meer. Antarktika ist ein eigener Kontinent, umgeben vom Südlichen Ozean, während es keinen Kontinent namens Arktis gibt, sondern nur den Arktischen Ozean, der von Nordamerika, Eurasien und Grönland begrenzt wird. Dieser geografische Unterschied macht die Pole in der Tat zu grundverschiedenen Orten.

Vom botanischen und zoologischen Standpunkt aus ist der Kontinent Antarktika für landbewohnende Lebensformen schwer erschließbar. Der südliche Polarkreis rahmt die antarktische Küste praktisch ein, sodass das einzige bedeutende Stück Land, das in die antarktische und subantarktische Zone hineinragt, die Halbinsel an der Südspitze von Südamerika ist. Selbst dort können die landbewohnenden Tiere und Pflanzen nicht sehr weit in Richtung Norden ziehen oder sich verbreiten, ohne auf das Meer zu stoßen. Nur die anspruchlosesten unter ihnen schaffen es, hier zu überleben.

Für Vögel und Meerestiere ist es dagegen einfacher. Sie können mit den Jahreszeiten in die und aus der Antarktis ziehen und so die extremen Witterungsbedingungen in den raueren Zeiten des Jahres umgehen.

Auch in Bezug auf das Klima gibt es zwischen Antarktika und ihrem nördlichen Gegenstück erhebliche Unterschiede. In jedem Sommer schmilzt ein großer Teil der arktischen Eisplatte weg, weil die Wärmeenergie der wärmeren Wasserströmungen sie von unten antauten, sodass immer mehr Ozean frei wird. In der Antarktis erreichen die Wasserströmungen nur das Eisschelf um die Landmasse herum. Die Eisplatte im Binnenland bleibt intakt und reflektiert weiterhin das Sonnenlicht, sodass es im Großteil von Antarktika stets frostig ist.

Rechts: Die Eisformationen von Antarktika sind von einer unendlichen Vielfalt an Formen, weil Eis und Schnee durch starke Winde und warme Luftströmungen erodiert werden.

Antarktika ist eine kontinentale Landmasse mit einer Oberfläche von rund 14 Mio. km^2, also etwas größer als Australien. Sie besteht fast vollständig aus nacktem, von Eis bedecktem Fels. Das Eis erstreckt sich über die Landmasse hinaus, was die Oberfläche beträchtlich vergrößert, obwohl dieser Zuwachs mit den Jahreszeiten schwankt. Nur etwa 1 % des Landes ist jemals eisfrei, nämlich die Spitze der Antarktischen Halbinsel.

Antarktika bedeckt etwa 5–7 % der Erdoberfläche, enthält jedoch 70 % des Süßwassers. Nicht alles liegt in Form von Eis vor; es gibt viele Süßwasserseen unter dem Eis. Die Eisplatte selbst hat gigantische Ausmaße – 24 Mio. km^3 – und macht etwa 90 % der gesamten Eismasse der Erde aus. Sie hat eine durchschnittliche Stärke von 2,10 km und erreicht stellenweise sogar bis zu 5 km.

Im Inneren von Antarktika herrschen lebensfeindliche Bedingungen. Die Temperaturen können auf bis zu –70 °C sinken. Rechnet man noch den Windchillfaktor hinzu, kann es kälter kaum werden. Auf der Halbinsel steigen die Temperaturen jedoch auch über den Gefrierpunkt, sodass im Sommer eine Schmelze einsetzt, die landbewohnenden Pflanzen und Tieren hier das Leben ermöglicht. Die vorherrschende Kälte hat zur Folge, dass Antarktika trockener ist als die Sahara. Den Lebewesen steht dort weniger flüssiges Wasser zur Verfügung als in der Wüste, da praktisch alles in Form von Eis und Schnee gebunden ist. In einigen Binnengebieten gibt es „Trockentäler“ ohne Eis und Schnee. Die steril wirkenden Felsen sind dennoch besiedelt von extrem widerstandsfähigen Cyanobakterien und Algen.

Antarktika hat eine Reihe geografischer Merkmale. Mount Erebus auf der Rossinsel ist der südlichste aktive Vulkan der Erde. Er ist 3794 m hoch und seit 1972 ständig aktiv. Als er 1841 von James Clark Ross entdeckt wurde, brach der Vulkan gerade aus. Ross benannte ihn daraufhin nach dem griechischen Gott der Finsternis, Erebos.

Ein großer Teil des antarktischen Eises liegt mehr oder weniger fest, sodass sich durch neue Schneefälle mit der Zeit zusätzliche Eisschichten ablagerten. Die untersten Schichten könnten eine Million Jahre alt sein.

Rechts: Der Krater am Gipfel des Mount Erebus, dem südlichsten aktiven Vulkan der Erde, aus der Vogelperspektive. Ein unfreundlicher Ort, an dem die Luft mit Rauch und Dampf erfüllt ist. Unsichtbare Gase aus dem Lavasee breiten sich in der Atmosphäre aus.

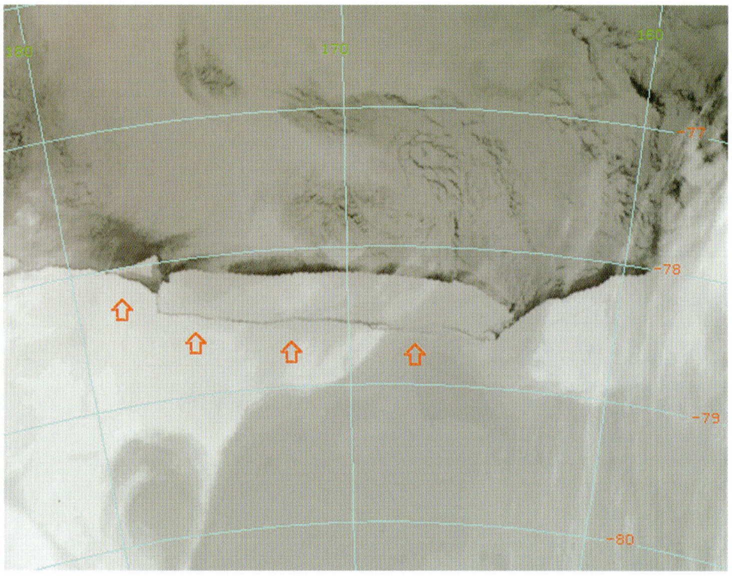

Oben: Das Satellitenbild zeigt Antarktika von oben. Das längliche Rechteck in der Mitte ist ein wirklich riesiger Eisberg, der sich gerade von einem Eisschelf getrennt hat. Er ist unglaubliche 295 km lang und 35 km breit.

Rechts: Diese Klippen bestehen vollständig aus Eis. Es ist das abgebrochene Ende eines Gletschers, der wie ein Fließband unerbittlich Eis in den Ozean transportiert. Auf dem Bild sind Schichten dunkler Verunreinigungen zu sehen, die wahrscheinlich von Vulkanasche herrühren, die schon vor vielen Jahrtausenden die Luft verunreinigte.

An anderen Stellen fließt das Eis in Form von gigantischen Gletschern nordwärts in den Südlichen Ozean. Wenn die Gletscher das Meer erreichen, brechen sie ab und bilden gewaltige Eisklippen. Sie sind ständig – wenn auch sehr langsam – in Bewegung, und wenn ein Gletscher das Meer erreicht, brechen Klippenteile ab und werden zu Eisbergen. Dieses Phänomen wird „Kalben“ genannt, weil die Eisberge so plötzlich und schnell fallen wie neugeborene Kälber. Durch die Spannung und den Druck gibt das Eis Laute von sich, die die Gletscher auf unheimliche Weise fast lebendig erscheinen lassen.

Am Ross-Schelfeis treffen mehrere Gletscher aufeinander und bilden ein 800 km breites Plateau aus beweglichem Eis mit einer Fläche von etwa 487 000 km^2, das damit etwa eineinhalb mal so groß wie Deutschland ist.

Die Antarktis hat eine interessante Geschichte. Vor Hunderten Millionen Jahren war sie Teil des Riesenkontinents Pangaea, der vor 180 Mio. Jahren in einen nördlichen und einen südlichen Teil, Gondwana genannt, zerbrach. Gondwana teilte sich dann in Südamerika, Afrika, Indien und Australasien mit der Antarktis. Bemerkenswerterweise befand sich Antarktika ursprünglich keineswegs in der Nähe des Südpols, sondern in Äquatornähe. Einst war sie dicht bewaldet, wie Fossilien und Kohlevorkommen belegen. Der Kontinent trieb über Millionen von Jahren langsam nach Süden, bevor er an seiner aktuellen Position ankam.

Vor etwa 45 Mio. Jahren begann er abzukühlen. Australien und Neuseeland brachen ab, aber Antarktika setzte ihren Weg fort. Fast alle landbewohnenden Arten starben um diese Zeit aus, und die Gletscher schoben alle Erde vom Kontinent.

Antarktika (auch Südkontinent genannt) umfasst sechs miteinander verbundene tektonische Platten. Die Ostantarktis besteht aus einer alten Platte, während die Westantarktis fünf jüngere Platten umfasst. Ein Gemisch von Sedimentgestein, metamorphem und magmatischem Gestein bildet die Grundlage. An wertvollen Mineralien gibt es Kohle, Öl, Palladium und Platin, deren Abbau allerdings angesichts der Umweltbedingungen auf ökonomische Weise nicht durchführbar ist. Außerdem gibt es seit 1991 ein Abkommen, das den Abbau der antarktischen Mineralressourcen für die nächsten 50 Jahre, also bis 2041, untersagt.

Rechts: Kaiserpinguine sind bemerkenswerte Lebewesen, die selbst den Winter auf dem antarktischen Kontinent überleben können. Sie sind die größten unter ihren Artgenossen, und das nicht ohne Grund. Nur durch ihre Körpermasse kann im Körperinneren eine ausreichend hohe Temperatur aufrechterhalten werden. Wären sie nur etwas kleiner, würden sie erfrieren.

ANTARKTISCHE INSELN

Zahlreiche Inseln sind der Antarktisküste vorgelagert. Manche liegen innerhalb des südlichen Polarkreises, andere darauf oder knapp außerhalb, die dann als subantarktische Inseln bezeichnet werden. Einige von ihnen liegen isoliert, aber die meisten sind in Gruppen oder Archipelen angeordnet. Sie sind häufig von zahlreichen Inselchen, Felsen und Gesteinshaufen begleitet, die zu klein sind, um als Inseln bezeichnet zu werden und unter dem Sammelbegriff „offliers" zusammengefasst werden, da sie vor (off) der Küste liegen (lie).

Geologisch gesehen, gibt es zwei Inseltypen: Inseln seismischen Ursprungs und Inseln sedimentären Ursprungs. Das heißt, einige Inseln sind die Gipfel unterseeischer Vulkane, während andere die Spitzen untergetauchter Fragmente der Kontinentalkruste sind. Je nach Breitengrad sind auf den Inseln häufig einige Gebiete mit ewigem Eis oder Gletschern bedeckt. Auf vielen gibt es irgendeine Form von Leben an Land und im Meer.

Der ausgedehnteste Archipel liegt vor der Küste der Antarktischen Halbinsel: die Südlichen Shetlandinseln, eine Kette von vier Inselgruppen, die sich über 540 km erstrecken. Es gibt elf größere Inseln und zahlreiche kleinere. Weitere Archipele sind beispielsweise die Südlichen Orkneyinseln, die Südlichen Sandwichinseln und die Balleny-Inseln.

Die größte Einzelinsel ist die Île Kerguelen oder Grande Terre, die zur Inselgruppe der Kerguelen im südlichen Indischen Ozean gehört. Ihre Fläche beträgt 6675 km^2, was etwa der Größe Nordirlands entspricht.

Neben dem südlichen Polarkreis gibt es noch eine zweite Grenzlinie, die Antarktische Konvergenz oder auch Meinardus-Linie. Diese Linie ist nicht ringförmig, da sie die Position einer unregelmäßigen Grenze zwischen Wasserströmungen beschreibt, aber sie umschließt die Antarktis vollständig. An dieser Linie sinkt das kältere antarktische Wasser unter das wärmere Wasser aus dem Norden. Die Grenze ist etwa 40 km breit und ständig in Bewegung, aber sie weicht nicht mehr als rund 80 km von ihrer mittleren Position ab. Die Vermischung von kaltem und warmem Wasser in dieser Zone führt zu lokalen Wettervariationen und auch zu einer höheren Konzentration an Meerespflanzen.

Die Lage der Inseln in Bezug zur Antarktischen Konvergenz hat natürlich Auswirkungen auf ihr Mikroklima. Die Wassertemperatur kann zu beiden Seiten der Grenze um 5–10 °C schwanken, was eine ausgeprägte Wirkung auf Meeres- wie Landbewohner der Inseln hat.

Oben: Die Landschaft der Südlichen Orkneyinseln ist eintönig, von Schnee und Eis geprägt, obwohl Teile der Inseln während der Sommermonate abtauen. Pflanzen und Tieren bleibt nur ein kleines Zeitfenster für Wachstum und Vermehrung.

Folgende Seiten: Diese bizarre Eislandschaft könnte aus einem surrealistischen Gemälde stammen. Die eleganten Formationen im Vordergrund sind Eisberge. Sie stehen aufrecht, weil ihre großen Grundflächen unter der Wasseroberfläche verborgen liegen.

PFLANZENWELT

Nur speziell angepasste und sehr anspruchslose Pflanzen können in der Antarktis überleben. Neben den tiefen Temperaturen ist es vor allem der Wassermangel, der ihnen zu schaffen macht. Obwohl es reichlich Eis und Schnee gibt, sind sie doch nur als flüssiges Wasser aufnehmbar. Zusätzlich ist die Luft meist so trocken, dass die Verdunstung von Feuchtigkeit für die Pflanzen eine Gefahr darstellt.

Ein weiteres Problem stellt der undurchdringbare Boden dar, in dem die Wurzeln keinen Halt finden. Antarktika besteht überwiegend aus Felswänden mit gelegentlichen Rissen und Spalten, die mit einer dünnen Schicht Detritus angefüllt sind – einer Mischung aus Humus und Guano, die reich an Nährstoffen ist.

Nur zwei Blütenpflanzen sind daher auf dem antarktischen Festland beheimatet: die Antarktische Schmiele *(Deschampsia antarctica)* und der Antarktische Perlwurz *(Colobanthus quitensis)*, die beide auf der Halbinsel wachsen. Man trifft sie in Gruppen dort an, wo der Boden tief genug für eine Bewurzelung ist.

Oben: Diese Felsen werden durch die orangefarbenen *Xanthoria*-Flechten verschönert, die die Steinoberfläche bewachsen. Vor allem an senkrechten Felswänden siedeln sie sich an, wo sie nicht von Vogelfüßen heruntergetreten werden und optimal die tief stehende antarktische Sonne nutzen können.

Bryophyta, die Moospflanzen, zu denen Horn-, Laub- und Lebermoose zählen, haben sich erfolgreicher angesiedelt. Sie blühen nicht, sondern bilden Sporen anstelle von Samen. Sporen werden millionenfach produziert und sind so klein, dass sie überallhin transportiert werden können.

Moose bilden keine echten Wurzeln, sie halten sich mit wurzelähnlichen Fäden, den sogenannten Rhizoiden, am Boden fest. Dadurch können sie Stellen besiedeln, an denen Blütenpflanzen unmöglich wachsen könnten. Außerdem können sie gut Wasser speichern und bieten auf diese Weise auch einigen kleineren Tieren einen Lebensraum. Zu den vertretenen Arten gehören das Silbermoos *(Bryum argenteum)* und die Lebermoosart *Cephaloziella exiliflora*.

Antarktische Moose enthalten sogenannte Xanthophyllpigmente, die dabei helfen, die schädlichen ultravioletten Strahlen im Sonnenlicht zu reflektieren. Diese Pigmente zeigen sich in laubabwerfenden Pflanzen, wenn das Chlorophyll, das den Blättern ihre grüne Farbe verleiht, im Herbst abgebaut wird und die Blätter sich gelbbraun verfärben. Die antarktischen Moose erzeugen zu viele dieser Farbpigmente, wenn sie an strahlungsintensiven Stellen wachsen, sodass die Blättchen in Rot- und Brauntönen erscheinen statt im üblichen Grün.

Pilzarten betreiben keine Fotosynthese, da ihnen das Chlorophyll der Blütenpflanzen und der Moose fehlt. Aus diesem Grund existieren nur sehr wenige Pilze in der Antarktis. Viele von ihnen leben jedoch in einer Lebensgemeinschaft mit Algen. Diese sogenannten Flechten sind symbiotische Organismen, die durch die Verbindung von Pilz und Alge oder Blaualge *(Cyanobakterium)* entstehen. Der Pilz bietet den Lebensraum für die Alge und extrahiert Spurenelemente aus der Erdoberfläche, die Alge erzeugt durch Fotosynthese Nährstoffe, die dem umgebenden Pilz zugutekommen. Indem sie ihre Ressourcen austauschen, erhalten sie sich gemeinsam am Leben und wachsen, wenn auch sehr langsam. Manche Flechten schaffen immerhin 1 mm pro Jahrzehnt! Rund 200 Flechtenarten sind im südlichen Polarkreis verzeichnet, wo sie Felsoberflächen besiedeln.

Moose und Flechten bringen Farbe ins Ökosystem der Antarktis. Zu den farbenfrohen Arten gehören die Zierliche Gelbflechte *(Xanthoria elegans)*, die Grünalgenflechte *Buellia frigida*, das Purpurstielige Hornzahnmoos *(Ceratodon purpureus)*, das hellgrüne Moos *Bryum pseudotriquetrum*, die braune Flechte

Lecanora dancoensis, die gelbe Flechte *L. intricata* und das olivgrüne Moos *Grimmia antarctica*.

Es gibt Vermutungen, dass Pilze mit Flechtenpigmenten in der Lage sind, Algen bei direkter Sonneneinstrahlung eine Art Lichtschutz zu geben. Genauere Forschungen sind weiterhin nötig, um die Geheimnisse der antarktischen Flechten zu lösen.

Flechten der Gattung *Xanthoria* bestehen aus einem Pilz, einer Alge und einer Blaualge. Die Blaualge erzeugt ein rotes Pigment, das die Lichtenergie speichert und sie dann zur Fotosynthese weiterreicht. Die Flechten enthalten außerdem ein orangefarbenes Pigment, das die schädlichen ultravioletten Strahlen reflektiert. Die Kombination von rotem und orangem Pigment verleiht den *Xanthoria*-Flechten ihre charakteristische Färbung. Andere Flechten enthalten ebenfalls das orangefarbene Pigment und erscheinen in verschiedenen Gelb-, Orange- und Brauntönen. *Xanthoria*-Flechten sind außerdem mit einer wachsartigen Substanz überzogen, die den Organismen während des Winters als Schutz dient. Im Sommer absorbiert sie außerdem die Wärme und unterstützt so das Wachstum. Solche Frostschutzsubstanzen sind in allen antarktischen Flechten nachweisbar.

Die nicht zu den eigentlichen Pflanzen zählenden Algen haben sich erfolgreich in der Antarktis angesiedelt. Zu den koloniebildenden oder mehrzelligen Arten gehören Meeresalgen und Meersalat, die an der Küste der Halbinsel wachsen. Es gibt auch eine landbewohnende moosähnliche Art – *Prasiola crispa* –, die in großen grünen Matten wächst. Tatsächlich sind rund 700 land- und wasserbewohnende Arten verzeichnet.

Algen sind sogar imstande, den Schnee in Grün-, Rot-, Orange- und Grautönen erscheinen zu lassen.

Oben: Antarktische Seebären liegen zwischen Büscheln von Schmielgras, das reichlich entlang den Küstensäumen der subantarktischen Inseln wächst. Diese robuste Pflanze kann bis zu 2 m hoch werden.

Die große Mehrheit der Schneealgen sind Einzeller, einige von ihnen sind auch mehrzellig. Andere sind Fadenalgen, einige wiederum Blaualgen (Cyanobakterien), die gar nicht zu den Algen gehören. Sie können türkis, rostfarben oder schwarz erscheinen. Zu den Schneealgen gehören Arten der Gattungen *Chloromonas/Chamydomonas*, *Chlorosarcina*, *Desmotetra* und *Ulothrix*. Die Farben werden durch Konzentrationen der Organismen selbst und ihrer ruhenden Sporen (Zygosporen) hervorgerufen. So bildet *Desmotetra aureospora* beispielsweise goldene Zygosporen, *D. antarctica* gelbgrüne und *Chloromonas rosae* rote.

Für Farbe sorgen auch die Eisalgen, richtiger als Kieselalgen bezeichnet, die unter dem Packeis wachsen und durch ihre fotosynthetischen Pigmente das Eis braun färben. Kieselalgen und andere einzellige und fotosynthetisch aktive Mikroalgen, das sogenannte Phytoplankton, bilden die Nahrungsgrundlage für den Antarktischen Krill (*Euphausia superba*). Krill, garnelenartige Wirbellose, kommt in so großer Anzahl vor, dass er in Hinsicht auf seine Biomasse als einer der erfolgreichsten Arten der Erde gilt. Im Südlichen Ozean leben schätzungsweise rund 0,5 Mrd. t Krill. Das ist genug Nahrung für alle Fische, Vögel und Meeressäuger, die sich auf Krill spezialisiert haben.

Gegenüber: Einige Tundrapflanzen auf der Insel Südgeorgien. Der Flora steht nur eine flache Bodenschicht zur Verfügung, die größtenteils aus Humus mit geringem Mineralanteil besteht. Trotz des Dauerfrostbodens steht den Pflanzen wenig Wasser zur Verfügung.

Oben: Krill sind Schalentiere, die Shrimps und Garnelen ähneln. Sie sind von grundlegender Bedeutung für die Nahrungskette der antarktischen Gewässer, da sie direkt und indirekt (über die Fische) viele höhere Raubtiere ernähren, darunter Pinguine, Robben und Wale.

EIN KONTINENT FÜR DIE WISSENSCHAFT

Die Antarktis reagiert extrem empfindlich auf die Auswirkungen von Veränderungen in der Biosphäre der Erde, im Bereich Umweltverschmutzung ebenso wie bei den Temperaturen. Für Wissenschaftler ist sie deshalb von besonderem Wert. Aus diesem Grund sind zahlreiche automatische Wetterstationen (AWS) verteilt, die dem Antarctic Meteorological Research Center an der Universität von Wisconsin-Madison Daten liefern.

Rund 2500 Wissenschaftler, Forscher und Hilfspersonal leben vorübergehend in der Antarktis. Die meisten bewohnen die drei größten Eisstationen. Eine, die Amundsen-Scott-Südpolstation, liegt am geografischen Südpol, die anderen – die McMurdo- und die Palmer-Station – an der Küste. Die McMurdo-Station befindet sich an der Südspitze der Rossinsel, die Palmer-Station auf der Anvers-Insel, direkt über dem südlichen Polarkreis.

Neben Meteorologie werden auch Biologie, Geologie und Hydrologie untersucht. So beschäftigen sich einige Wissenschaftler mit der Flora und Fauna Antarktikas, während andere die mineralische Zusammensetzung erforschen und wieder andere die Bewegungen von Packeis und Gletschern überwachen.

Zusätzlich werden wichtige Arbeiten im Zusammenhang mit Umweltverschmutzung, Ozonloch, Meteoriten, Eiskernbohrungen und Produktivität des Meeres durchgeführt. Im Wesentlichen sind alle diese Forschungsbereiche irgendwie miteinander verknüpft, um Vorgänge in der Antarktis besser erklären zu können, die wiederum ein Bild des gesamten Planeten liefern.

DAS OZONLOCH

Ozon ist ein natürlich vorkommendes, instabiles, hochoxidatives und giftiges Spurengas. Es hat einen stechenden Geruch und ist von hellblauer Färbung. Ozon ist eine allotropische Form von Sauerstoff. Anders als die häufigeren Sauerstoffmoleküle, die aus zwei Atomen bestehen – O_2 –, enthält Ozon drei Atome – O_3. Es entsteht in der Atmosphäre durch ultraviolette Bestrahlung oder durch die Entladung von Blitzen aus normalem Sauerstoff.

Die Ozonschicht oder Ozonosphäre ist eine natürliche Konzentration des Gases in einer Höhe zwischen 10 und 50 km über der Erdoberfläche, der Stratosphäre. Sie absorbiert schädliche ultraviolette Strahlung der Sonne und dient so als Schutzschild, der Pflanzen und Tiere vor den Schäden durch übermäßige UV-Bestrahlung bewahrt, etwa vor Hautkrebs beim Menschen.

Ozon zerfällt natürlicherweise zu normalem Sauerstoff (O_2), aber die Ozonschicht wird ständig erneuert, da Ozon in der Stratosphäre von selbst neu entsteht.

Schadgase wie FCKWs (Fluorchlorkohlenwasserstoffe), die in manchen Sprühbehältern sowie in Kühlschränken zum Ein-

Vorherige Seite: Eis hat wenig Auftrieb, sodass der Großteil eines Eisbergs unter der Wasserlinie bleibt. Eisberge schwimmen, weil die Dichte von Eis geringer ist als die von Meerwasser, aber etwa 7/8 ihrer Masse befindet sich unter der Wasseroberfläche.

satz kommen, und Halone, in Feuerlöschern verwendete Verbindungen, beschleunigen jedoch die Zerfallsgeschwindigkeit, sodass die natürliche Erneuerung der Ozonschicht mit der Zerfallsrate inzwischen nicht mehr mithalten kann. Die Ozonschicht ist sehr dünn, wie ein Ölfilm auf Wasser, sodass der Ozonabbau zum Auftreten von Löchern führt, durch die ultraviolette Strahlung eindringen kann.

Über jedem geografischen Pol kann im Winter ein Luftwirbel entstehen, der durch Windströmungen und die Drehung der Erde verursacht wird. Diese Wirbel werden durch das fehlende Sonnenlicht in den Wintermonaten mit –80 °C extrem kalt und schaffen so günstige Bedingungen für die Bildung von Stratosphärenwolken. Die Wolken unterstützen die chemischen Reaktionen, durch die die Schadgase das Ozon abbauen.

Glücklicherweise befindet sich das Ozonloch über der Antarktis, wo nur wenige Menschen leben. Wenn die globale Umweltverschmutzung jedoch noch weiter zunimmt, wird das Ozonloch wachsen, bis es möglicherweise dicht besiedelte Gebiete in gemäßigteren Breiten erreicht – Südamerika, Australien, Afrika. Die Situation wird sich noch verschärfen, wenn sich auch über dem Nordpol ein ähnlich großes Ozonloch bildet. Ein noch relativ kleines Loch wurde dort bereits entdeckt.

Nach jahrelangen Messungen durch die British Antarctic Survey hatte sich 1985 der Ozonwert über der Antarktis fast halbiert, und man schlug Alarm. Damit erfüllte sich die Vorhersage von Wissenschaftlern in den 1970er-Jahren, dass Schadstoffe diese Auswirkungen haben würden. Die Regierungen der Industrieländer bemühen sich, den globalen Ausstoß von ozonschädigenden Gasen zu verringern, aber es erweist sich als schwierig, internationale Übereinstimmung zu erreichen.

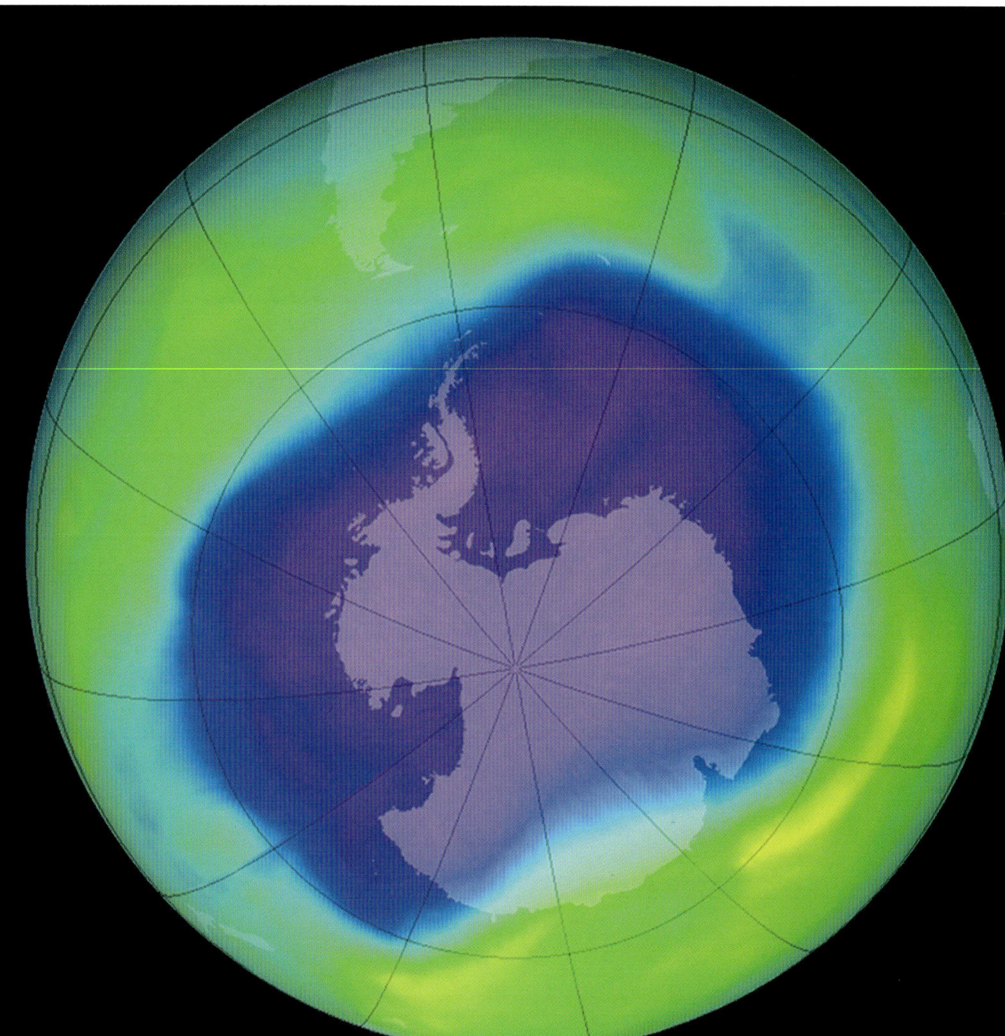

Rechts: Das Loch in der Ozonschicht ist in dieser farbverstärkten Aufnahme von 2006 deutlich zu sehen. Das Gebiet von rund 28 Mio. km² Größe ist eins der größten je aufgezeichneten Löcher. Würde sich das Ozonloch weiter vergrößern, wäre die südlichste Spitze von Südamerika einer höheren UV-Strahlenbelastung ausgesetzt.

Rechts: Eine Gruppe Wissenschaftler navigiert durch eisiges Gewässer. Im Vergleich zu den Menschen wird die Dimension der polaren Landschaften deutlich. Anhand der Boote im Vordergrund lässt sich abschätzen, dass die Eisklippen im Hintergrund mehrere Hundert Meter hoch sein müssen.

Unten: Zwei Eisplatten wurden zusammengedrückt, bis ihre Ränder sich zu einem Miniaturgebirge aufgeworfen haben. Hier sieht man in kleinem Maßstab, was passiert, wenn zwei tektonische Platten kollidieren und dabei Gebirge entstehen.

GLOBALE ERWÄRMUNG

Das Problem der atmosphärischen Verschmutzung steht im Zusammenhang mit einem weiteren, möglicherweise ernsthaften und kontroversen Problem – dem Phänomen der sogenannten „globalen Erwärmung". Es ist umstritten, ob die Erde sich nun im Zuge einer natürlichen Zwischeneiszeitphase erwärmt oder weil Schadgase die Erde isolieren und so einen „Treibhauseffekt" herbeiführen: Wärme wird durch Kohlenstoffdioxid in der Atmosphäre zurückgehalten, was zur Erwärmung des Planeten führt. Eventuell spielen auch beide Faktoren eine Rolle. Möglich ist auch, dass die Erde sich langfristig gesehen nicht erwärmt, sondern nur eine kurze Wärmephase durchläuft, ebenso wie es in der jüngsten Vergangenheit auch kurze Kältephasen gab.

Einig sind sich die Wissenschaftler allerdings in ihrer ernsthaften Besorgnis um die globale Erwärmung, da sie möglicherweise katastrophale Auswirkungen auf die Welt haben wird. In der Antarktis und in Grönland sind riesige Wassermengen in Form von mehreren Kilometer dicken Eisplatten gespeichert. Würde das Eis schmelzen, käme es zu einem Anstieg des Meeresspiegels um einige Meter. Große Küstenlandstriche würden im Meer verschwinden, und Millionen Menschen wären heimatlos.

Oben: Dieses Packeis ist in einem faszinierenden geometrischen Muster aufgebrochen. Wissenschaftler sind besorgt, dass durch die globale Erwärmung das Eis der Antarktis schneller schmilzt.

Rechts: Adeliepinguine auf einer Eisscholle. Adeliepinguine bewegen sich sehr geschickt auf vereistem Boden und rutschen häufig auf dem Bauch Hänge hinunter. Sie nisten entlang vieler antarktischer Küsten.

2005 berichteten Wissenschaftler der British Antarctic Survey, dass die globale Erwärmung die Eiskappe schneller schmelzen lässt als bisher geschätzt, und sie warnten davor, dass die Antarktis zum „erwachenden Riesen“ werden könnte.

Neben der Gefahr der steigenden Meeresspiegel könnte die globale Erwärmung die Klimastruktur des ganzen Planeten radikal verändern. Für viele Spezies würde diese Veränderung aber zu abrupt stattfinden, um sich den neuen Bedingungen evolutionär anpassen zu können, und weitreichende Konsequenzen für die Flora und Fauna unserer Erde wären die Folge.

Die globale Erwärmung könnte tatsächlich eins der großen Massensterben in Gang setzen, die die Entwicklung des Lebens auf der Erde über Milliarden von Jahren immer wieder begleiteten. Am meisten beunruhigen dabei wissenschaftliche Berechnungen, nach denen ein durchschnittlicher Temperaturanstieg von nur wenigen Graden den Ausschlag geben und zu einer unkontrollierbaren Entwicklung führen könnte.

TÖDLICHE GESCHWISTER

El Niño (der Junge) und La Niña (das Mädchen) sind Meeresströmungen, die eine weitreichende Auswirkung auf die antarktische und subantarktische Umwelt haben.

Über dem Südlichen Wendekreis umkreisen Passatwinde, die sogenannten Ostwinde, die Erde in westlicher Richtung. Sie erwärmen die Oberflächen des Atlantischen und Pazifischen Ozeans und drücken das erwärmte Wasser nach Westen. Nach einiger Zeit steigt der Meeresspiegel im Westen und fällt im Osten aufgrund der unterschiedlichen Wasserdichte. Schließlich, wenn die Winde nachlassen, wird ein kritischer Punkt erreicht, und das warme Wasser strömt plötzlich als Gegenstrom über dem kalten Wasser nach Osten, während das kalte Wasser darunter nach Westen strömt. Im Atlantik ist dieses Phänomen als El Niño bekannt und im Pazifik als La Niña. Der Name wurde von südamerikanischen Fischern geprägt, die beobachteten, dass das Phänomen gewöhnlich um die Weihnachtszeit auftritt, wenn die Geburt des Christkindes – auf Spanisch El Niño – gefeiert wird.

Diese Strömungen töten das Plankton im Meer ab, da im warmen Wasser Nährstoffe und Sauerstoff nicht ausreichend vorhanden sind. Das Gleichgewicht der Nahrungskette wird so empfindlich gestört, was zum Tod vieler Tiere weiter oben in der Kette führt, von Krill bis zu Fischen und von Vögeln bis zu Säugetieren.

Die Antarktis ist deswegen betroffen, weil die Ströme durch die Westküsten Afrikas und Südamerikas nach Süden abgelenkt werden. Im Südlichen Ozean fällt die Fruchtbarkeit für eine Weile ab, bis das natürliche Gleichgewicht wiederhergestellt ist.

El Niño tritt etwa einmal in zwei bis fünf Jahren auf, La Niña alle sieben bis zehn Jahre.

Tritt nur eins der beiden Phänomene auf, sind die Auswirkungen nicht so ausgeprägt, aber die Kombination beider kann katastrophal sein und dazu führen, dass Pinguinkolonien aufgrund von Nahrungsmangel ihre Jungen nicht aufziehen können.

Oben: Wissenschaftler der British Antarctic Survey bekommen Gesellschaft von neugierigen Krabbenfressern unter dem Eis vor der Signy-Insel. Zu ihren wissenschaftlichen Forschungen gehören Projekte zur Überwachung von Ausmaß und Dauer der Meeresvereisung.

DIE METEORITENERNTE

Die Erde wird ständig mit kosmischem Schutt bombardiert, den wir als Meteore bezeichnen. Die meisten Meteore verdampfen beim Eintritt in die Atmosphäre, aber einige sind groß genug, dass ihre Kerne die feurige Reise durch die Atmosphäre überstehen und auf der Erde landen. Diese Kerne nennen wir Meteoriten. Tausende von Meteoriten landen täglich auf der Erde, aber die meisten fallen entweder ins Meer oder schlagen an Stellen auf dem Land ein, wo sie nicht leicht zu finden oder zu erkennen sind.

Auf der weiten, weißen Oberfläche der antarktischen Landschaft fallen Meteoriten jedoch sofort auf. Die Wissenschaftler müssen nur noch systematisch nach ihnen suchen und sie aufsammeln. Meteoriten stammen aus der Zeit der Entstehung des Sonnensystems und sind seit dieser Zeit chemisch unverändert geblieben. Das bedeutet, dass die Analyse von Meteoriten den Kosmologen eine Menge darüber verrät, wie das Sonnensystem, die Milchstraßengalaxie und das Universum selbst entstanden sind.

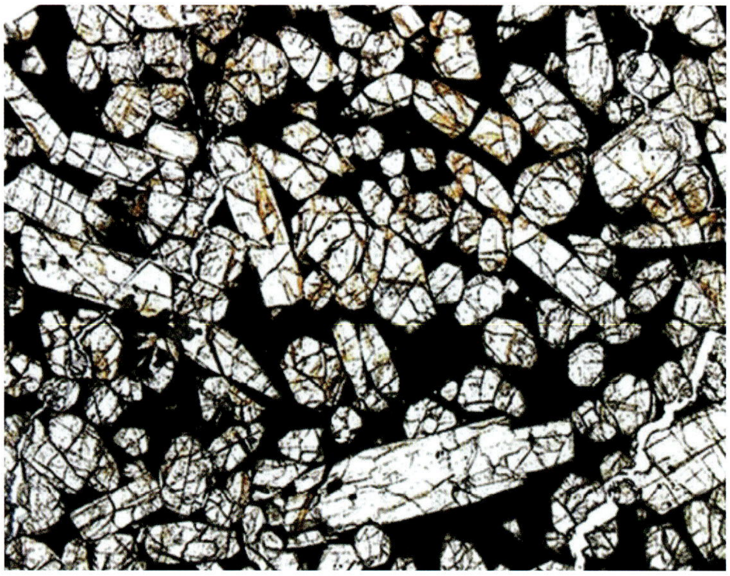

Oben: Diese polierte Meteoritenscheibe zeigt unter dem Mikroskop seine Kristallstruktur. Meteoriten sind uralte Mineralfragmente, die aus dem All auf die Erde fallen. Diese ältesten Materialien des Sonnensystems sind für die Forschung von unschätzbarem Wert.

Rechts: Wenn Geologen in der Antarktis ins Gelände gehen, müssen sie daran denken, dass sie in einer lebensbedrohlichen Umgebung arbeiten. Kleidung, Unterkünfte und Kommunikationsausrüstungen müssen der bitteren Kälte standhalten.

EINGEFRORENE ZEIT

Da ein Großteil des Eises auf der Antarktis niemals schmilzt, wird der Neuschnee kontinuierlich zu neuen Eisschichten komprimiert. Je tiefer man also in das Eis vordringt, desto älter ist die entnommene Probe. Das bedeutet, dass die Eisschichten selbst den Wissenschaftlern chemische Informationen über die Vergangenheit liefern können. Das Eis besteht nicht nur aus gefrorenem

Wasser, sondern enthält noch andere Chemikalien, die in der Atmosphäre vorhanden waren, als der Wasserdampf zu Schnee wurde und auf die Antarktis fiel. Auch Schadstoffpartikel wie Staub, Pollenkörner und Mikroorganismen waren damals in der Luft enthalten. Zusätzlich enthält das Eis alte Blasen, wo Luft zwischen den Schneeflocken komprimiert und vom Eis eingeschlossen wurde. Auch diese Blasen lassen sich chemisch auf die enthaltenen Gase und ihr Verhältnis zueinander analysieren.

So können Wissenschaftler Daten aus historischer und prähistorischer Zeit sammeln und abgleichen. Dabei wird ein zylindrisches Gerät in das Substrat gebohrt – Eis, Schlamm oder Gestein – und dann mit einer stangenförmigen Probe im Kern wieder herausgezogen. Die in der Probe enthaltenen Schichten sind wie Münzen aufeinandergestapelt, sodass jede für ein anderes Jahr, eine Jahreszeit oder ein Ereignis in der Vergangenheit steht.

Vorherige Seiten: Dass Pinguine in der Antarktis überleben können, scheint auf den ersten Blick bemerkenswert. Dennoch brüten Kaiserpinguine, Königspinguine, Goldschopfpinguine, Adeliepinguine, Eselspinguine und Kehlstreifpinguine ihre Eier in dieser lebensfeindlichen Gegend aus und ziehen ihre Jungen auf.

Oben: Die dunkleren durchscheinenden Adern dieses Eisbergs sind festes Eis, wo Schnee geschmolzen und wieder gefroren ist. Die umgebende Substanz ist komprimierter Schnee, der seine Kristallstruktur beibehält, sodass er undurchsichtig ist und mehr Licht reflektiert.

Rechts: Blick auf Mount Michael, einen aktiven Vulkan auf der Saunders-Insel, eine der Südlichen Sandwichinseln. Der Vulkan brach 1819 explosionsartig aus, während der russische Forscher Fabian Gottlieb von Bellingshausen die Gegend vermaß. Im Moment befindet er sich in einem unruhigen Schlaf; aus seinem Gipfelkrater sieht man häufig Dämpfe aufsteigen.

DIE ERFORSCHUNG DER ANTARKTIS

Die ersten Menschen, die den südlichen Polarkreis überquerten, waren der britische Seefahrer und Forscher Kapitän James Cook (1728–1779) und seine Mannschaften an Bord der *Resolution* und der *Adventure*. Die Expedition verließ England im Jahr 1772 auf der Suche nach „Terra Australis", dem sagenhaften Südkontinent. Sie kehrten 1775 zurück, nachdem sie nur das Packeis gesehen hatten, das Antarktika umgibt.

Die erste offizielle Sichtung des Kontinents Antarktika fand im Jahr 1820 statt, durch den russischen Seeoffizier Fabian Gottlieb von Bellingshausen (1778–1852) an Bord der *Vostok*. Er gelangte bis 32 km vor die Küste.

Der Erste, der behauptete, Antarktika betreten zu haben, war ein amerikanischer Robbenfänger namens Kapitän John Davis im Jahr 1821; allerdings ist nicht bekannt, ob er tatsächlich auf dem Festland oder an einer Insel vor der Küste landete.

Im Laufe der folgenden 20 Jahre untersuchten und vermaßen eine Reihe von Forschern die Küstenlinie von Antarktika. Zu ihnen gehörten James Weddell (1787–1834), Jules Dumont d'Urville (1790–1842), Charles Wilkes (1798–1877) und James Clark Ross (1800–1862).

Zwischen 1843 und 1897 wurde Antarktika nur von Robben- und Walfängern besucht. Zwischen 1898 und 1900 kamen Gruppen belgischer, norwegischer und britischer Forscher an, die sich über einen langen Zeitraum an der Küste aufhielten. Die Jahrhundertwende läutete eine neue Phase in der Erforschung der Antarktis ein – das Streben nach dem Erreichen des geografischen und des magnetischen Südpols.

Der irischstämmige britische Forscher Ernest Shackleton (1874–1922) leitete die erste Expedition, die Anfang 1909 den magnetischen Südpol erreichte. Der Norweger Roald Amundsen (1872–1928) führte seine siegreiche Expedition Ende 1911 zum geografischen Südpol. Weitere frühe Expeditionen ins Landesinnere wurden von Robert Scott (1868–1912) und Douglas Mawson (1882–1952) unternommen. Seit den 1930er-Jahren haben viele Menschen den Kontinent betreten, teilweise nur wegen der Herausforderung, wie es schien.

1959 unterzeichneten zwölf Länder den internationalen Antarktisvertrag, dem zufolge die Antarktis von Gebietsansprüchen

Rechts: Antarktika hat sich in den letzten Jahren zu einer Attraktion für Ökotouristen gemausert. Der technologische Fortschritt macht es Urlaubssuchenden mit Sinn für das Abenteuer relativ bequem und einfach, in den Sommermonaten eine kurze Zeit auf dem Kontinent zu verbringen.

verschont bleiben sollte. Das Gebiet zwischen dem geografischen Südpol und dem 60. Breitengrad wurde als Zone der friedlichen Nutzung und Forschung deklariert. 1991 verhängte ein Nachfolgeabkommen ein 50-jähriges Verbot des Mineralienabbaus auf dem Kontinent, und 1994 errichtete die Internationale Walfangkommission die antarktische Walschutzzone.

MENSCHEN IN ANTARKTIKA

Es gab niemals eine einheimische Bevölkerung in Antarktika, weil die Umgebung einfach zu lebensfeindlich ist. In der Arktis haben eingeborene Völker auch nur deshalb überleben können, weil sie in wärmere Gegenden ziehen konnten, wenn die Umstände es erforderten.

Die ersten Menschen, die sich für längere Zeit in Antarktika aufhielten, waren eine gemischte Gruppe aus belgischen, norwegischen und britischen Forschern, die den Winter 1898–1899 dort überlebten. Seither hat die Technologie so große Fortschritte gemacht, dass Menschen heute bequem in Eisstationen leben können. Dennoch sind sie auf Unterstützung aus Betriebszentren außerhalb der Antarktisregion angewiesen. Telekommunikation, Schiffe und Flugzeuge stellen lebenswichtige Verbindungen zur Außenwelt dar. In vielerlei Hinsicht sind Eisstationen

Oben: Ein Hundegespann aus Scotts Antarktisexpedition ruht sich neben einem Eisberg aus. Die Hunde erwiesen sich wie so viele andere Dinge, die Scott mitbrachte, als ungeeignet bei der Erforschung der Gegend um den Südpol.

Links: Das berühmte Foto von Robert Scott und seinem Expeditionsteam, nachdem Roald Amundsen 1912 den Südpol als Erster erreicht hatte. Scott schrieb: „Großer Gott! Dies ist ein schrecklicher Ort, und es ist schlimm genug für uns, dass wir uns hierher gequält haben, und nun sind wir noch nicht einmal die Ersten."

Oben: In den frühen Tagen der Antarktiserforschung waren die Unterkünfte aus Holz, da sich dieses Material am einfachsten transportieren ließ. Im Inneren einer Holzhütte, die Ernest Shackleton und seine Männer nutzten, sorgte ein gusseiserner Herd für den willkommenen Komfort warmen Essens und diente auch als Heizung.

ebenso weit weg wie Raumstationen. Besonders gilt das im Winter, wenn es praktisch kein Tageslicht gibt und die Witterung so streng ist, dass niemand sich draußen aufhalten kann.

Es herrscht ein ständiges Kommen und Gehen in Antarktika. Rund 2500 Menschen harren im Winter aus; im Sommer steigt die Zahl jedoch durch Besuche von Familie, Freunden und Touristen beträchtlich an. Im Laufe einer Saison kommen rund 7000–9000 Menschen dazu.

Der früheste Bericht über Menschen, die die Antarktis besucht haben, findet sich in einer mündlichen Überlieferung von den Cookinseln im Südpazifik. Es heißt, dass Ui-te-Rangiora, ein Häuptling von Rarotonga, Mitte des 7. Jahrhunderts eine Reise in einem doppelwandigen Kanu namens *Te-Ivi-o-Atea* unternahm. Als die Europäer 1814 erstmals nach Rarotonga kamen, erzählte man ihnen vom gefrorenen Meer im Süden.

Links: 1916 wurde Ernest Shackletons Schiff *Endurance* vom Eis eingeschlossen; er und seine Mannschaft entkamen schließlich nach Elephant Island bei den Südlichen Shetlandinseln. Von dort aus brachen Shackleton und einige seiner Männer in einem Walfänger zur Insel Südgeorgien auf, um Hilfe zu holen. Dieses Foto zeigt Touristen bei der Erkundung des Strandes von Elephant Island, an dem Shackleton die Segel zu seiner unglaublichen 1300 km langen Reise setzte (Nebenfoto).

Oben: Eine Forschergruppe erklimmt den Devil's Peak (Teufelsgipfel) auf der Coronation-Insel, der größten der Südlichen Orkneyinseln. Unter den Bergsteigern sind weitere kleine Inseln in einem gefrorenen Meer aus Packeis zu sehen.

Rechts: Die Amundsen-Scott-Südpolstation. Der Eingang zum geodätischen Dom lag bei seiner Errichtung in den 1970er-Jahren auf gleicher Höhe mit der Eiskappe, in den folgenden Jahren schichtete sich das Eis um ihn herum aber immer höher auf.

Oben: Schiffe wie dieses sind häufig auf Eisbrecher angewiesen. Eisbrecher werden mit verstärktem Bug gebaut, der einen Pfad durch das Eis pflügt, es beiseiteschiebt und eine befahrbare Strecke hinterlässt, die andere Schiffe benutzen können, bis die Witterung das Meer wieder überfrieren lässt.

Folgende Seiten: Die antarktische Landschaft ist von so faszinierender Schönheit, dass sie auf Abenteurer einen außerordentlichen Reiz ausübt. Anscheinend wirken gerade die Kälte und Unwirtlichkeit des Ortes wie ein Magnet, der sie unerbittlich mit der ultimativen Herausforderung lockt.

DIE WALFANGINDUSTRIE

Die Antarktis ist eng mit dem Walfang verbunden, da der Südliche Ozean die Heimat zahlreicher großer Walarten ist. 1994 wurde Antarktika zum Schutzgebiet erklärt, um den Walen einen Zufluchtsort vor den Harpunen der Walfänger zu schaffen. Dennoch erlegen die Japaner weiterhin innerhalb der ausgewiesenen Schutzzone Wale in großer Zahl, beispielsweise den Zwergwal, den Finnwal und den Buckelwal. Die japanischen Behörden behaupten, dass die Wale zu Forschungszwecken getötet werden, obwohl das Fleisch für den menschlichen Verzehr verkauft wird. Nach offizieller japanischer Argumentation werden durch den Fleischverkauf die Kosten für Forschung und Bau der Walfänger subventioniert; auf diese Weise gelingt es Japan, unter dem Deckmantel der Wissenschaft Walfang zu betreiben. Mehrere Hundert Wale werden jedes Jahr von japanischen Walfängern getötet. Die meisten Umweltgruppen verurteilen den Walfang als unmenschlich und unnötig und argumentieren, dass zu wissenschaftlichen Zwecken auch nicht tödliche Forschungsmethoden ausreichen würden.

Island und Norwegen sind die einzigen anderen Länder, die ebenfalls in bedeutendem Maße Walfang betreiben, obwohl sie die meisten Tiere im Arktischen Ozean und im Nordatlantik und nicht im Südlichen Ozean erlegen. Sie leugnen jedoch nicht, dass dies aus kommerziellen Gründen geschieht, wenn auch unter dem Vorwand, der Walfang sei nötig für den Erhalt ihrer kulturellen Traditionen.

Seinen Höhepunkt erreichte der Walfang im 19. und 20. Jahrhundert. In unvorstellbarer Höhe wurden Wale getötet, um Walrat und Blubber für technische Zwecke zu verwenden. Erst in den 1920er-Jahren machte die fraktionierte Destillation von Petroleum dem industriellen Walfang ein Ende. Glücklicherweise war es nun bequemer und billiger, Wachse und Öle aus Rohöl herzustellen, sodass der Walfang an Bedeutung verlor.

Rechts: Organischer Abfall bleibt in der Antarktis lange erhalten, weil Kälte und Trockenheit die natürlichen Verwesungsprozesse verlangsamen. Hier sind die Wirbel und Rippen eines Finnwals an einer Felsküste in Port Lockroy auf der Antarktischen Halbinsel zu sehen. Winterstürme hatten die Knochen verstreut, aber Wissenschaftler aus einer nahen Forschungsstation setzten das Skelett wieder zusammen. Das Tier wurde etwa vor einem Jahrhundert von Walfängern getötet.

LEBEN IM MEER

Alle ausschließlich im Wasser lebenden Meeressäuger der Antarktis sind Wale – Delfine, Schweinswale oder Wale. Die Wale sind in zwei Unterordnungen eingeteilt: Zahnwale, zu denen Delfine und Schweinswale gehören, und Bartenwale.

Seeleute vergangener Zeiten ordneten die Meereswesen, denen sie begegneten, aufgrund dessen ein, was sie sahen, und hielten folglich die Wale für Fische. Erst als der schwedische Botaniker und Zoologe Carl von Linné (1707–1778) ein einheitliches System zur Benennung und Klassifizierung aller Lebewesen erdachte, erkannte man, dass diese Tiere eigentlich Säugetiere waren, die sich an ein Leben im Meer angepasst hatten.

Grundlegendes unterscheidet Wale von Fischen: Wale sind Warmblüter, die Luft atmen und lebende Junge zur Welt bringen. Fische sind wechselwarm, also Kaltblüter, die über Kiemen atmen und deren Junge aus Eiern schlüpfen. Außerdem haben Fische Schuppen, Wale jedoch nicht. Die anatomischen Unterschiede werden deutlich, wenn man die verschiedenen Plätze von Fischen und Säugetieren im Evolutionsbaum betrachtet. Fische sind die primitivere Gruppe, danach kommen die Amphibien und die Reptilien und dann erst die Säugetiere.

Die Zahnwale sind in unterschiedlichen Größen vertreten, je nach Spezialisierung auf eine bestimmte Beute. Sie fressen alle Arten von Fisch sowie Tintenfische und Krill. Manche fressen auch andere Säugetiere und Vögel oder greifen sogar auf Aas zurück. Tatsächlich haben sie Zähne in ihren Kiefern, im Gegensatz zu den Bartenwalen.

Die Bartenwale sind in ihren Nahrungsgewohnheiten stärker spezialisiert, denn sie ernähren sich hauptsächlich von Plankton in gewaltigen Mengen. Dazu filtern sie mithilfe der Barten das Plankton aus dem Wasser. Die meisten der Großwale, wie der Blauwal, gehören zu dieser Unterordnung.

ZAHNWALE

Die kleinsten Zahnwale sind Delfine und Schweinswale. Sie sind die Gegenstücke zu Fuchs und Wolf an Land. Sie sind schnell und wendig genug, um schnelle Beute zu verfolgen und zu stellen. Außerdem sind sie gesellige Tiere, die in erweiterten Familiengruppen leben.

In der Antarktis gibt es wenige Delfin- und Schweinswalarten, da die meisten in gemäßigten Gewässern jagen und die Küstengebiete von Südamerika, Afrika und Australasien bevorzugen.

Die einzige Art, die über die Antarktische Konvergenz hinauskommt, ist der Stundenglasdelfin *(Lagenorhynchus cruciger)*.

Durch seine schwarz-weiße Scheckung ähnelt er einem Schwertwal, ist jedoch nur etwa 1,80 m lang. Sein Name bezieht

Vorherige Seite: Buckelwale blasen auf typische Weise, wenn sie zur Oberfläche kommen, um ihre Lungen mit Luft zu füllen. Der Blas ist immer eine vertikale Wolke feinen Wasserdampfs oder Nebels und ähnelt einem Springbrunnen. Je nach Art ist der Blas verschieden.

Rechts: Der Name des Südlichen Glattdelfins bezieht sich auf die Tatsache, dass er wie die Glattwale keine Rückenflosse hat. Abgesehen von diesem einzigen Detail gibt es äußerlich keine Gemeinsamkeiten mehr. Er erreicht nur einen Bruchteil der Größe von Glattwalen, denen wiederum die zweifarbige Färbung des Delfins fehlt.

sich auf paarige weiße Abzeichen an seinen Flanken, die die Form eines Stundenglases haben. Über die Lebensweise des Stundenglasdelfins ist wenig bekannt, außer dass er in kalten Gewässern beheimatet ist und weit draußen auf dem Meer gesichtet wird.

Es gibt noch eine ungewöhnliche Delfinart, den Südlichen Glattdelfin *(Lissodelphis peronii)*, ein kleines Tier mit schwarzem Rücken und weißem Bauch. Er hat keine Rückenflosse und sieht aus wie ein großer Pinguin, wenn er an der Oberfläche schwimmt. Der Südliche Glattdelfin lebt vor der Küste in den nördlichen Gewässern des Südlichen Ozeans.

Der Brillenschweinswal *(Australophocaena dioptrica)* lebt ebenfalls im Südlichen Ozean und bleibt außerhalb der Antarktischen Konvergenz. Er ist in den Küstengewässern subantarktischer Inseln und Inselketten zu finden. Die Art ist oben schwarz und unten weiß mit einer deutlichen Abgrenzung entlang der Flanken. Sein Name bezieht sich auf die brillenähnliche Zeichnung um die Augen – jedes Auge liegt in einem schwarzen Fleck, der von einem weißen Kreis umringt wird. Die Rückenflosse ist rund, während die des Stundenglasdelfins kielförmig ist. Beide Arten halten sich anscheinend um die gesamte Polarregion herum auf.

Zu den mittelgroßen Zahnwalen gehören die Schnabelwale und die Grindwale. Schnabelwale sind auf Tintenfische spezialisiert, die in den Tiefen der Ozeangräben leben. Sie können ungewöhnlich tief und lange tauchen, und da sie nur selten an die Küste kommen, hat man einige der mittlerweile 19 erfassten Arten erst vor kurzer Zeit entdeckt. Sie besitzen im Unterkiefer zwei oder vier Zähne, der Oberkiefer ist zahnlos. Die Beute wird mit der vogelschnabelähnlichen Schnauze im Ganzen verschlungen.

Der Südliche Schwarzwal *(Berardius arnuxii)* ist rund 9 m lang und am ganzen Körper dunkelgrau. Er wurde häufig von Verkehrsschiffen gesichtet, die zwischen der Antarktis und Häfen in Australasien und Südamerika kreuzten, was darauf hindeutet, dass er um den ganzen Pol herum verbreitet ist. Er ist an seiner sehr kleinen, weit hinten sitzenden Rückenflosse zu erkennen. Wenn der Kopf zu sehen ist, ist auch die dünne Schnauze mit weiß glitzernden Vorderzähnen ein Erkennungsmerkmal.

Der Südliche Entenwal *(Hyperoodon planifrons)* zählt auch zur Familie der Schnabelwale mit ähnlichem Aussehen und Verbreitungsgebiet. In der Färbung zeigt er eine große Variationsbreite von schwarz über grau und braun bis beige. Die rundere Stirn und die kürzere Schnauze erinnern an einen Delfin.

In der Antarktisregion kommen der Gewöhnliche Grindwal *(Globicephala melas)* und der Große Schwertwal *(Orcinus orca)* vor, die beide zur Familie der Delfine gehören, sich in Lebensweise und Verhalten aber nicht ähneln. Der Gewöhnliche Grindwal ernährt sich vor allem von Fischen und Tintenfischen. Mit seiner gewölbten Stirn ist er dem Pottwal vom allgemeinen Erscheinungsbild her nicht unähnlich, allerdings viel kleiner. Im Laufe der Evolution lernte er, seiner Beute in große Tiefen zu folgen. Seine große Rückenflosse ist kielförmig, hängt aber oft aus dem Wasser wie ein aufblasbarer Gummireifen, der etwas Luft vertragen könnte.

Der Große Schwertwal ist ein effizienter und intelligenter Jäger, der allein oder in Gruppen jagt. Er frisst Fische und Tintenfische, hat aber eine Vorliebe für Robben und Meeresvögel. Er erbeutet auch die Kälber anderer Wale, wenn sich die Gelegenheit ergibt. Der Große Schwertwal ist mit rund 9 m Länge etwas größer als der Gewöhnliche Grindwal. Er ist auf See leicht an seiner sehr großen, aufrechten Rückenflosse zu erkennen, die im Profil dreieckig wie die eines Hais aussieht.

Die Brustflossen des Grindwals sind lang, aber nur im Wasser einsetzbar. Tatsächlich strandet diese Art häufiger als andere. Der Schwertwal dagegen hat große, paddelähnliche Brustflossen, die ihm nicht nur als Flipper, sondern fast als Gliedmaßen dienen. Dadurch kann das Tier sich auf der Jagd nach Robben und Pinguinen in die flachen Gewässer in der Nähe von Stränden vorwagen. Mit der Beute im Maul windet er seinen Körper dann wieder ins Wasser.

Der Grindwal ist blauschwarz gefärbt, der Schwertwal trägt eine schwarz-weiße Scheckung. Die einzige Art, mit der man ihn verwechseln könnte, ist der Stundenglasdelfin, allerdings ist ein ausgewachsener Schwertwal deutlich größer.

Die Bezeichnung „Großer Zahnwal“ ist ein Synonym für den Pottwal *(Physeter macrocephalus)*. Sein wuchtiger Kopf enthält das sogenannte Spermaceti-Organ oder Walratkissen. Diese Organ hat einige Aufgaben zu erfüllen, beispielsweise wird es zur Erzeugung von Tönen und zur Echoortung benutzt. Beim Abtauchen wird das Walrat abgekühlt und somit schwerer, beim Auftauchen wird es erwärmt und leichter. Anscheinend dient es männlichen Tieren auch beim Kampf als Rammbock.

Rechts: Grind- und Schwertwale werden manchmal unter dem Begriff „Blackfish“ zusammengefasst. Hier ist ein Paar ausgewachsener Grindwale mit einem Kalb zu sehen. Wie alle Säugetiere werden junge Wale zunächst mit Milch gesäugt, bevor sie entwöhnt und an feste Nahrung herangeführt werden.

Möglicherweise dient das Spermaceti-Organ aber hauptsächlich der Kommunikation, ähnlich einem Innenohr, das die schwachen Rufe anderer Pottwale in vielen Kilometern Entfernung deuten kann, aber auch komplizierte Lautantworten mit ausreichender Amplitude erzeugen kann, um ähnliche Entfernungen zu überwinden. Daneben könnte es auch als Tiefenanzeiger und Orientierungsvorrichtung bei Tauchgängen nach den Riesenkraken dienen, von denen sich der Wal ernährt.

Von vorn ist der Kopf des Pottwals überraschend asymmetrisch, das Blasloch sitzt auf der linken Seite. Sieht man sich den Schädel an, scheint das Tier eine lange, dünne Schnauze zu besitzen, da das Spermaceti-Organ obenauf sitzt.

Im Unterkiefer sind in gleichmäßigen Abständen Zähne angeordnet, während der Oberkiefer flach und glatt ist. Wahrscheinlich greift der Wal seine Beute und hält sie fest, bis ihr Todeskampf vorüber ist. Tatsächlich ist dies aber noch nicht genau bekannt.

Oben: Hier durchbricht ein Großer Schwertwal mit hoher Geschwindigkeit die Wasseroberfläche, sodass praktisch sein ganzer Körper in der Luft steht. Die enorme Kraft, über die Große Schwertwale verfügen, wird hier deutlich. Diese Kraft wird bei der Jagd unter Wasser in beeindruckende Geschwindigkeiten und Schwungkraft umgesetzt.

Folgende Seiten: Dieser Anblick versetzt Walbeobachter stets in Entzücken: die klassische Haltung eines abtauchenden Buckelwals, der seine Fluke (Schwanzflosse) in die Luft hebt. Die ventralen (unteren) Oberflächen der Fluken sind charakteristisch gezeichnet, anhand deren Zoologen Einzeltiere voneinander unterscheiden können.

BARTENWALE

Oben: Alle Bartenwale haben wie dieser Buckelwal zwei Blaslöcher, alle Zahnwale dagegen nur eins. Blaslöcher sind Nasenlöcher, die sich auf der Oberseite der Schnauze befinden.

Die Bartenwale der Antarktisregion gehören zur Familie der Furchenwale. Zu ihnen gehören der Blauwal *(Balaenoptera musculus)* und seine kleineren Verwandten, der Finnwal *(B. physalus)*, der Nördliche Zwergwal *(B. acutorostrata)* und der Seiwal *(B. borealis)*. Alle sind sehr stromlinienförmige und anmutige Tiere, dazu gebaut, auf ihrer Suche Plankton durch die Meere zu ziehen. Ihre Hälse sind gefurcht, sodass sie imstande sind, riesige Mengen Wasser aufzunehmen. Das Wasser wird durch Barten hinausgedrückt, das Plankton bleibt im Maul zurück. Anschließend müssen die Wale die Nahrung nur noch mit der Zunge zu Klumpen formen und verschlucken.

Die Furchenwale unternehmen Wanderungen, um das jahreszeitlich bedingte Nahrungsangebot in unterschiedlichen Regionen ausnutzen zu können. Daher sind dieselben Arten sowohl in der Arktis als auch in der Antarktis zu finden, aber zu verschiedenen Zeiten im Jahr, nämlich um sechs Monate versetzt.

Der Blauwal ist mit rund 30 m der größte Furchenwal, der Zwergwal mit etwa 10 m der kleinste. Die anderen Arten variieren in der Größe. Alle haben kleine, kielförmige Rückenflossen und sehr flache Rücken.

Der Buckelwal *(Megaptera novaeangliae)* ist eine weitere weltweit vertretene wandernde Art aus der Familie der Furchenwale. Ihm fehlt jedoch die Eleganz seiner Verwandten. Sein Körper ist plump und die Brustflossen überproportional lang und wie die Schnauze mit Knoten und Schwielen bedeckt. Er wird häufig in Küstennähe gesichtet, wenn er die Wasseroberfläche durchbricht und mit seinen großen Flippern auf das Wasser schlägt.

Ihr charakteristisches Abtauchen, indem sie einen Buckel machen, hat dem Buckelwal den Namen eingebracht. Bevor sie wieder ins Wasser tauchen, strecken sie ihre Schwanzflosse hoch in die Luft. Die Schwanzflosse hat eine charakteristische Kerbe zwischen den Flukenteilen, die gegenläufig geschwungen ist und gezackte oder gezahnte Ränder hat.

ANTARKTISCHE ROBBEN

In vielerlei Hinsicht können Flossenfüßer (Robben und Seelöwen) als das amphibische Stadium betrachtet werden, das Wale und Delfine durchlaufen haben müssen, als sie sich vor Jahrmillionen von Land- in Meerestiere wandelten. Sie sind nicht miteinander verwandt, haben aber ähnliche Merkmale, vor allem weil beide Gruppen von fleischfressenden Vorfahren abstammen.

Die Flossenfüßer scheinen sich vor rund 30 Mio. Jahren aus einem bär- oder hundeähnlichen Urahnen entwickelt zu haben. Es gibt drei Familien in der Ordnung: die Ohrenrobben wie Seelöwen und Seebären, die Hundsrobben und das arktische Walross.

In der Antarktis finden sich sechs Robbenarten. Fünf davon sind Hundsrobben, eine zählt zu den Ohrenrobben. Ein wichtiger Unterschied zwischen den Familien ist bei den Brustflossen zu erkennen. Hundsrobben haben kleine Brustflossen, die seitlich am Körper ansetzen. Sie benutzen sie nur für das Steuern im Wasser, während die hinteren Gliedmaßen für den Antrieb sorgen. An Land oder auf Eis sind die Brustflossen dagegen kaum verwendbar, die Tiere müssen sich mit raupenähnlichen Wellenbewegungen des Körpers fortbewegen.

Ohrenrobben dagegen haben kräftigere Brustflossen, die unter dem Körper sitzen. Sie benutzen sie sowohl als Antrieb als auch zum Steuern im Wasser. Zusätzlich können sie ihre Brustflossen an Land oder auf Eis wie Gliedmaßen verwenden, sodass die Tiere ihre Körper erheben und fast laufen können. Außerdem haben sie kleine äußere Ohren, während Hundsrobben nur Ohröffnungen besitzen.

Wie Wale und Pinguine haben Flossenfüßer eine Fettschicht unter der Haut, die als Isolierung und Nahrungsreserve dient. Zwangsläufig wurden auch sie vom Menschen wegen ihres Blubbers sowie wegen des Pelzes und anderer Produkte gejagt.

Im Südlichen Ozean waren der Antarktische Seebär *(Arctocephalus gazella)* und der Südliche See-Elefant *(Mirounga leonina)* besonders hart vom Robbenfang betroffen, weil sie in der Fortpflanzungsperiode in großen Herden zusammenkamen. Die kommerzielle Abschlachtung der Tiere löste die Jagd durch einheimische Völker Ende des 18. Jahrhunderts ab und erreichte ihren Höhepunkt im frühen 19. Jahrhundert während der industriellen Revolution, als es eine große Nachfrage nach Wal-,

Unten: Die Männchen sind bei den Südlichen See-Elefanten deutlich größer als die Weibchen. Dieses Phänomen wird sexueller Dimorphismus genannt. Hier kämpfen zwei Männchen auf Südgeorgien.

Links: Dieser Antarktische Seebär macht den Unterschied zwischen Hundsrobben und Ohrenrobben deutlich. Seine Fähigkeit, auf so zerklüftete Felsen zu klettern, verdankt er seinen beinähnlichen Flossen, mit denen er fast laufen kann. Hundsrobben können sich nur unbeholfen auf ebenen Oberflächen voranschleppen.

Gegenüber: Weddellrobben sind Hundsrobben. Obwohl sie elegante Schwimmer und effiziente Jäger sind, geben sie an Land nur dicke Klumpen ab, die sich kaum aus dem Wasser hieven können. Mit ihren wellenförmigen Muskelbewegungen ähneln sie an Land einer Raupe auf einem Blatt.

Robben- und Pinguinöl als Brennstoff für Lampen, Schmiermittel für Maschinen und Zutaten in Herstellungsprozessen gab.

Die Tiere wurden erschlagen, dann gehäutet und der Blubber abgezogen. Dieser wurde gekocht, um das wertvolle Öl zu extrahieren, das in Fässer gefüllt und in die Zivilisation verschifft wurde. Die Pelze wurden in Salzwasser gewaschen und als Rohleder ebenfalls in Fässern verpackt. Die industrielle Entwicklung setzte dem Massentöten endlich ein Ende, denn Petroleumöle waren überall erhältlich und billiger als Tieröle. Zusätzlich führten die öffentliche Meinung und ein zunehmendes Bewusstsein für die Bedeutung des Umweltschutzes zu lauter Kritik.

Der Antarktische Seebär hat in der Fortpflanzungszeit Kolonien auf verschiedenen Inseln in der Nähe der Halbinsel sowie verschiedenen anderen subantarktischen Inseln und Inselketten. Er ernährt sich überwiegend von Fischen, Tintenfischen und Krill, frisst aber auch Pinguine, wenn sich die Gelegenheit bietet. Die Männchen erreichen die Größe eines erwachsenen Mannes, sind aber um einiges schwerer. Die Weibchen sind kleiner. Seebären haben einen dichten Pelz, der sich bei den Männchen um die Vordergliedmaßen herum zu einer Mähne auswächst. Der Antarktische Seebär ist die einzige Ohrenrobbenart in dieser Region.

Der Südliche See-Elefant hat ein ähnliches Verbreitungsgebiet wie der Seebär, ist jedoch wesentlich größer. Die Männchen werden im Durchschnitt rund 4,50 m lang, die Weibchen 3 m. Ihr Name bezieht sich sowohl auf ihre Größe als auch auf den Umstand, dass sie eine elefantenähnliche Haut haben. Zusätzlich besitzen männliche See-Elefanten eine rüsselähnliche Nase, die sie mit Luft aufblasen, um beeindruckend zu wirken und ihr Recht auf die Paarung mit Weibchen anzumelden. Die dominanten Bullen halten sich Harems von Kühen und verteidigen sie gegen andere Männchen. Als Väter sind sie jedoch eher ungeschickt und zermalmen oft unabsichtlich ihre Kälber bei den Kämpfen.

Der Krabbenfresser *(Lobodon carcinophagus)* hat den größten Bestand unter den großen Wildtieren der Erde. Seine Population wird auf 12 bis 15 Mio. geschätzt. Er ist an der gesamten Küstenlinie des Kontinents zu finden. Selten bestehen die Gruppen aus mehr als vier oder fünf Tieren, sie sind aber in einer weiten, gleichmäßigen Verteilung zu finden.

Merkwürdigerweise stehen Krabben und Krebse nicht auf dem Speiseplan des Krabbenfressers. Er ist auf Krill spezialisiert, der eher Garnelen ähnelt. Mit seinen gekerbten Zähnen kann er auch tatsächlich Krill aus dem Meerwasser sieben.

Zum Werfen legen sie oft beträchtliche Entfernungen über das Packeis zurück, um ihre Jungen vor den räuberischen Seeleoparden zu schützen und vor der Gefahr, durch die Sommerschmelze ins Meer zu geraten. Man hat sie schon mehr als 80 km vom Eisrand entfernt gesichtet.

Ihre Jungen werden mit extrem fetthaltiger Milch gesäugt und entwickeln sich dadurch schnell. Mit nur fünf bis sechs Wochen können sie bereits zum ersten Mal ins Wasser tauchen. Jungtiere und erwachsene Tiere bleiben normalerweise nahe am Packeis und wandern daher mit den Jahreszeiten nach Norden und nach Süden.

Der Seeleopard *(Hydrunga leptonyx)* ist mit rund 2,80 m Länge beträchtlich größer als der Krabbenfresser. Sein Name bezieht sich auf seinen gefleckten Pelz, aber auch im Verhalten ähnelt er einem Leoparden. Er ist ein geschmeidiges Tier mit einem reptilienähnlichen Kopf und kann alle Arten von Beute jagen, andere Robben und Pinguine ebenso wie Fische, Tintenfische und Krill. Sein einziger natürlicher Feind ist der Große Schwertwal.

Seeleoparden stehen in dem Ruf, furchtlos und aggressiv zu sein. Wenn sie Pinguine angreifen, schütteln sie die Vögel so heftig, dass ihre Haut sich löst. Auf diese Weise kommen sie an das Fleisch, ohne die Federn mitfressen zu müssen. Wie echte Leoparden sind diese Robben Einzelgänger.

Die Weddellrobbe *(Leptonychotes weddelli)* ist nach James Weddell (1787–1834) benannt, dem Kapitän des Robbenfängers *Jane*, der 1823 das ebenfalls nach ihm benannte Weddellmeer erreichte. Weddellrobben sind große Tiere von rund 3 m Länge und 450 kg Gewicht. Sie leben in dem Packeis, das Festeis genannt wird, weil es fest bleibt und niemals schmilzt. Häufig verlassen sie ihren Standort nicht, sondern halten sich ein Atemloch frei, das regelmäßig mit den Zähnen bearbeitet wird, die speziell hierfür ausgebildet sind. Diese Anpassung erleichtert es ihnen, in Breitengraden zu überleben, wo es kaum einem anderen Säugetier möglich ist.

Zuletzt sei noch die Ross-Robbe *(Ommatophoca rossi)* erwähnt, benannt nach James Clark Ross (1800–1862), dem britischen Marineoffizier, der die Antarktis zwischen 1839 und 1843 erforschte. Diese Robbe ist relativ selten und kaum wissenschaftlich erforscht. Man weiß, dass sie sich auf die Jagd nach Tintenfischen in der Tiefsee spezialisiert hat; ihre Augen sind daher wie bei nachtaktiven Landräubern ungewöhnlich groß, um möglichst viel Licht zu absorbieren.

Links: Der Seeleopard unterscheidet sich deutlich von seinen Verwandten. Seine Körperform ähnelt zwar der anderer Hundsrobben, aber sein Kopf ist recht untypisch. Die enorme Maulöffnung und das Gebiss, die hier zu sehen sind, verraten, dass er ein gefürchteter Jäger anderer Meeressäuger und Pinguine ist.

Folgende Seiten: Der Krabbenfresser hat speziell ausgezackte Zähne, mit denen er den Krill, sein Hauptnahrungsmittel, aus dem Meerwasser filtern kann. Die Bezeichnung „Krebse“ wurde früher als Oberbegriff für alle Schalentiere verwendet; eigentlich müsste diese Robbe „Krillfresser“ heißen.

VÖGEL IN DER ANTARKTIS

Es gibt keine Landsäugetiere in der Antarktis, weder auf dem Kontinent Antarktika noch auf den umgebenden Inseln und Inselketten. Sie müssten zu lange Wanderungen unternehmen, um der rauen Winterwitterung zu entgehen. Auch Amphibien oder Reptilien können in der antarktischen Kälte nicht überleben. Bei den Tieren, die in der Antarktis beheimatet sind, handelt es sich überwiegend um Vögel – am bekanntesten sind die Pinguine. Es wurden Fossilien von etwa zwölf Riesenpinguinarten gefunden. Diese Vögel waren etwa 1,50 m groß und müssen rund 100 kg gewogen haben, was darauf hindeutet, dass sie an eine polare Umgebung von unvorstellbarer Kälte angepasst waren.

PINGUINE

Von den 18 bekannten Pinguinarten sind nur acht echte Arten der Antarktis. Die anderen Arten leben auf weiter entfernten Inseln oder ganz außerhalb der Antarktisregion.

Der Name „Pinguin" wurde dem Riesenalk entlehnt, einem ähnlichen, aber nicht verwandten Vogel der Nordhalbkugel, der den Namen ursprünglich trug, bevor er ausstarb. Ob er auf das lateinische *penna-gigno*, was so viel heißt wie „Federlieferant", oder auf das englische „ping wing" zurückzuführen ist, bleibt umstritten. Möglicherweise kommt der Name auch aus dem Walisischen und beschreibt den großen Fleck weißer Federn auf dem Vorderschnabel der Tiere.

Alle Pinguine sind flugunfähige Vögel. Ihre Flügel haben sich zu Flossen zurückgebildet, die sie zur Fortbewegung und zum Steuern unter Wasser benutzen. Die Leichtbauweise ihres Körpers und der Flügelknochen ging verloren, die Tiere wurden massiger und schwerer. Aufgrund des niedrigen Verhältnisses von Körpermasse zu Körperoberfläche und der dicken isolierenden Fettschicht sind sie gut an das Leben in kalten Umgebungen angepasst und konnten Nischen besetzen, die anderen Vögeln nicht zugänglich waren. Dass sie nicht fliegen können, hat sich als unproblematisch erwiesen, weil es eigentlich keine Landraubtiere in ihrem abgelegenen Lebensraum gibt.

Verschiedene morphologische Merkmale weisen darauf hin, dass sie optimal an ihre Umgebung angepasst sind. Sie haben torpedoförmige Körper, die ihren Strömungswiderstand optimieren, sodass sie sich im Wasser effizient und mühelos bewegen können. Auch ihr Kopf ist so ausgerichtet, dass der Schnabel in einer Linie mit dem Körper liegt. Auch das verbessert die Stromlinienform und ermöglicht es den Vögeln außerdem, nach vorn zu schauen und Fische zu ergreifen, während sie sich schnell durchs Wasser bewegen.

Vorherige Seite: Der Lebensraum der antarktischen Pinguine ist von äußerster Kargheit geprägt. Große Mengen Körperfett helfen dabei, die Kälte abzuhalten.

Rechts: Königspinguine ähneln Kaiserpinguinen, allerdings ist ihr Gefieder farbenfroher und kontrastreicher. Sie sind Tiefseespezialisten, die sich überwiegend von Tintenfischen ernähren. Beim Beutefang dringen sie in erstaunliche Tiefen vor.

Der Schwanz ist kurz und hat im Wasser keine Funktion, die Steuerung obliegt den Beinen, während die zu Flossen umgebildeten Flügel wie Klingen geformt sind, um mühelos durch das Wasser zu gleiten.

Pinguine haben ein Gefieder, die Federn sind jedoch in der Regel zurückgebildet und sehen aus wie ein Fell. Zum Teil verbessert dies die Stromlinienform, dient aber auch der Isolierung außerhalb des Wassers. Ihr Gefieder wird manchmal als „Taucheranzug" bezeichnet, im Gegensatz zum „Schlafanzug" aus Daunenfedern der Küken und Jungtiere. Selbst die Färbung der Pinguine deutet auf ihren marinen Lebensraum hin. Wenn sie schwimmen, sind sie unten weiß und oben schwarz (Konterschattierung). Dadurch können Räuber, die von oben kommen, sie genauso schwer ausmachen wie die von unten kommenden. Pinguine gehen außerdem in Schwärmen auf Nahrungssuche, was Raubtiere visuell verwirrt, weil sie es dann schwerer haben, ein Einzeltier auszusuchen.

Außerhalb des Wassers sind Pinguine recht unbeholfen, da ihr Köperbau an das Leben im Wasser angepasst ist. Doch sie müssen an Land keine Raubtiere fürchten. Wegen der Position ihrer Beine halten sie sich aufrecht, Füße und Schwanz dienen der Stabilisierung. Zur Fortbewegung watscheln oder hüpfen sie, allerdings rutschen sie über Schneedecken auch häufig auf dem Bauch. Um aus dem Wasser wieder an Land zu kommen, springen die Tiere nach oben aus dem Wasser und landen auf den Füßen. An Stränden stützen sie sich schon im flachen Wasser auf die Füße, zurück ins Wasser geht es im Flachtauchgang.

Als die ersten Forscher sich in den Südlichen Ozean vorwagten, waren sie in hohem Maße davon abhängig, unterwegs Nahrung und Vorräte zu finden. Mangelernährung konnte im schlimmsten Fall zum Tod führen. Es überrascht kaum, dass die Seeleute keine Hemmungen hatten, alle Tiere zu töten und zu verzehren, denen sie auf ihren Reisen begegneten.

Pinguinkolonien wurden als übervolle Speisekammern mit leicht zugänglichem Frischfleisch und Eiern betrachtet. Buchstäblich Tausende der Vögel wurden bei einem einzigen Besuch getötet und durch Trocknen oder Pökeln haltbar gemacht. Wenn die Mannschaft genug frische Nahrung zu sich genommen hatte und das Schiff voll verpflegt war, ging die Reise weiter.

Offenbar hat Pinguinfleisch einen recht fischigen Geschmack und ist zäh, also nicht besonders schmackhaft. Es war jedoch immer noch besser als alte, abgestandene Vorräte und war auf jeden Fall nahrhaft. Die fette Haut der Pinguine wurde abgezogen und das Fleisch geschmort, gebraten oder gekocht. Die Eier dagegen galten als Delikatesse.

Die kommerzielle Ausbeutung von Pinguinkolonien begann in großem Stil im späten 16. Jahrhundert und ging Ende des 19. bis Anfang des 20. Jahrhunderts zu Ende. Vor dieser Zeit hatten eingeborene Völker traditionell Vögel und Eier verwertet. Solche Traditionen werden auch heute noch fortgesetzt und sorgen für ein bescheidenes Auskommen.

Die Vögel wurden neben dem Fleisch wegen ihres Fettes und ihrer Haut geschätzt. Ihre Federn sind so klein und stehen so eng, dass die Häute ein luxuriöses, seidiges Material ergeben, das zur Herstellung von Kleidung, Hüten, Schuhen, Taschen und Geldbörsen verwendet wurde. Zusätzlich wurden die abgeworfenen Pinguinfedern nach der Mauser gesammelt und als Füllung für Kissen und Matratzen verwendet.

Das Fett der Pinguine war vor der Entdeckung der Petroleumfraktionen von großem kommerziellen Wert; Millionen Vögel wurden getötet, ebenso wie Robben und Wale. Das aus dem Fett gewonnene Öl wurde zur Herstellung von Seife, Kosmetik, Brennstoffen und Medikamenten verwendet.

Eine 1891 errichtete Fabrik auf der Macquarie-Insel änderte die öffentliche Meinung bezüglich der Ausbeutung tierischer Ressourcen. Es wurde das Gerücht gestreut, dass man die Pinguine dort bei lebendigem Leibe kochte. Das stimmte zwar nicht, führte aber zu organisiertem Widerstand gegen das Unternehmen. Joseph Hatch, der Unternehmenseigner, versicherte den Tierschützern, dass er die Pinguine tiergerecht erlegte und dass die Kolonien sich sogar vergrößerten. Seine Lizenz wurde jedoch von der neuseeländischen Regierung nicht erneuert, als sie 1920 auslief. Als Wissenschaftler in den folgenden Jahren den Zustand der Pinguinkolonien auf der Macquarie-Insel auswerteten, bestätigten sich Hatchs Behauptungen allerdings.

Ein wertvolles Abfallprodukt der Pinguine ist Guano – getrockneter Kot von Seevögeln. Er wurde früher als sehr effizienter Dünger in der Landwirtschaft eingesetzt. Große Pinguinkolonien können Tausende von Tonnen Guano liefern, da er sich Jahr für Jahr schichtweise absetzt, bis die Schicht mehrere Meter dick ist. Selbst nach der Einführung künstlicher Dünger besteht die Guanoindustrie auf regionaler Ebene weiterhin fort, vor allem weil es sich um eine frei verfügbare Ressource handelt, die sich billig einsammeln und transportieren lässt. Außerdem schadet ihre Nutzung den Pinguinen nicht, solange das Einsammeln nicht in der Brutperiode geschieht.

Dass Pinguine in ihrem Lebensraum zunehmend bedroht waren, wurde Ende des 19. Jahrhunderts öffentlich bekannt, aber erst im frühen 20. Jahrhundert wurden rechtliche Schutzmaßnahmen eingeführt. 1905 begann der Internationale Ornithologenkongress die Regierungen zu drängen, Maßnahmen zum Schutz der Pinguine einzuführen.

Südgeorgien stellte seine Pinguine 1909 unter umfassenden Schutz und regte damit andere subantarktische Territorien zum Handeln an. 1959 unterzeichneten zwölf Nationen den Antark-

Oben: Vom Kehlstreifpinguin, an seiner besonderen Zeichnung zu erkennen, gibt es schätzungsweise 18 Mio. Exemplare, was ihn zu einer der bestandreichsten Arten macht. Kehlstreifpinguine wurden schon beim Brüten auf Eis beobachtet, bevorzugen jedoch weniger eisige Umweltbedingungen an den Felsküsten der weiter nördlich gelegenen Inseln.

tisvertrag, der im Wesentlichen die Antarktis zum Naturschutzgebiet deklariert und einige Pinguinarten unter Schutz stellt.

Am besten ist der Kaiserpinguin *(Aptenodytes forsteri)* an die Antarktis angepasst. Er sieht dem Königspinguin *(A. patagonicus)* mit subantarktischer Verbreitung sehr ähnlich, wurde aber 1775 von Johann Reinhold Forster (1729–1798), einem deutschen Naturforscher an Bord der *Resolution* unter dem Kommando von James Cook, als eigenständige Art unterschieden.

Kaiserpinguine bewohnen das Packeis im Südlichen Ozean rund um die Antarktis. Mit einer Größe von rund 1,15 m sind sie die größten aller Pinguine. Die Größe und das Gewicht (bis zu 45 kg) sind Teil ihrer Anpassung an die Kälte, da eine größere Körpermasse und ein niedriges Verhältnis von Körpermasse zu Körperoberfläche zur Erhaltung von Körperwärme beitragen.

Nur zur Fortpflanzung und zur Bebrütung des Eies verlassen sie das Packeis. Erstaunlicherweise brüten Kaiserpinguine mitten im antarktischen Hochwinter, wenn der Kontinent in Dunkelheit gehüllt ist und die Temperaturen auf ihren Tiefstand sinken. Sobald das einzige Ei gelegt ist, übernimmt das Männchen die Verantwortung für das Ausbrüten, während das Weibchen sich auf Futtersuche begibt. Das Männchen hält das Ei auf seinen Füßen, wo es unter einer Körperfalte sicher an seinem Platz gehalten wird. Er drängt sich in dieser Periode mit anderen Männchen zusammen, bis das Küken schlüpft. Die Brutdauer beträgt fast zwei Monate. Trotz großen Gewichtsverlustes sorgt das Männchen für die erste Mahlzeit des Kükens mit einem Sekret, das es aus dem Kropf hervorwürgt.

Sobald das Weibchen zurückgekehrt ist, macht sich das Männchen auf den Weg zum Meer, um sich die dringend benötigte Mahlzeit zu suchen. Das Weibchen füttert das Küken, bis das Männchen zurückkommt und ihr bei der Aufzucht hilft. Bis die Jungvögel bereit sind, selbst fischen zu gehen, ist der antarktische Hochsommer angebrochen, das Packeis zurückgegangen und der Weg zum Meer nicht mehr allzu lang. Bei der ersten Mauser verlieren die Jungen ihr Daunenkleid und bekommen das Federkleid der erwachsenen Tiere. Erst dann können sie ins Wasser.

Links: Diesen jungen Kaiserpinguinen ist bereits ihr Daunenkleid gewachsen, um die Kälte abzuhalten. Erwachsene Tiere und Küken drängen sich im extrem kalten Winter eng zusammen, um warm zu bleiben und sich ein wenig gegen den Wind zu schützen.

Kaiserpinguine ernähren sich zu 90–95 % von Fisch. Die anderen 5–10 % ihres Speiseplans bestehen aus Tintenfisch und Krill. Sie können ihren Atem fast 20 Minuten lang anhalten, was ihnen sehr tiefe Tauchgänge zwischen 50 und 565 m ermöglicht.

Sowohl die Jung- als auch die Altvögel verbringen die Sommermonate damit, sich Fettreserven anzufressen. Sie ziehen bis aufs offene Meer, bleiben aber meist innerhalb der Antarktischen Konvergenzzone, wo das Nahrungsangebot relativ üppig ist. Die ausgewachsenen Vögel haben einen blauschwarzen Rücken und Kopf und einen weißen Bauch. An den Halsseiten befinden sich rautenförmige Abzeichen, die von Gelb in Weiß übergehen. Ihr Bestand in der Antarktis wird auf 400 000 Tiere geschätzt.

Die anderen antarktischen Arten kommen aus den Gattungen *Pygoscelis* und *Eudyptes*. Zur Gattung *Pygoscelis* gehören der Kehlstreifpinguin *(Pygoscelis antarctica)*, der Adeliepinguin *(P. adeliae)* und der Eselspinguin *(P. papua)*. Diese Arten sind rein schwarz-weiß, haben also keine zusätzlichen Farben im Gefieder. Alle sind rund 60–95 cm groß und wiegen etwa 5 kg. Sie leben in Nistkolonien, wo sie gerade außerhalb der Schnabelreichweite der Nachbarn einfache Nester aus den verfügbaren Materialien bauen – Kieselsteinen, Zweigen, Federn, Gras und Tang.

Die drei Arten lassen sich vor allem durch ihre Kopfabzeichen unterscheiden. Der Kehlstreifpinguin besitzt einen dünnen, zügelartigen schwarzen Streifen unter dem weißen Kinn und sieht daher aus, als trüge er eine schwarze Haube. Die anderen beiden Arten haben schwarze Köpfe, aber beim Eselspinguin verläuft ein weißer Streifen über dem Scheitel von Auge zu Auge.

In der Gattung *Eudyptes* finden sich der Felsenpinguin *(Eudyptes chrysocome)*, der Goldschopfpinguin *(E. chrysolophus)* und der Haubenpinguin *(Eudyptes schlegeli)*. Sie sind etwas kleiner als die *Pygoscelis*-Arten und tragen einen recht auffälligen goldgelben Schopf. Diese Pinguine sind ziemlich schwer voneinander zu unterscheiden. Der Felsenpinguin hat einen breiten schwarzen Streifen in der Mitte seines Schopfes, der gelben Augenbrauen ähnelt, die jeweils hinter dem Auge herabhängen. Der Goldschopfpinguin trägt seine gelben Schopffedern aufrechter und buschiger, während die gelb-orangen Federn des Haubenpinguins von der Nase bis zur Kopfmitte reichen.

Wie Kaiserpinguine jagen alle Arten Fische, Tintenfische und Krill. Wo sie gemeinsam vorkommen, glaubt man, dass sie in verschiedenen Tiefen tauchen und sich auf unterschiedliche Beute spezialisieren, um eine Nahrungskonkurrenz zu vermeiden.

Der Goldschopfpinguin gilt als bestandreichster aller Pinguinarten. Seine Population wird auf mindestens 24 Mio. geschätzt. Die anderen Arten sind ebenfalls regional häufig; die Bestände belaufen sich auf Hunderttausende oder sogar Millionen.

Links: Goldschopfpinguine watscheln über das Eis von Candlemas Island auf dem Weg zum Meer. Diese Art ernährt sich von einer Vielzahl von Beutetieren wie Krill, Fischen und kleinen Tintenfischen.

Gegenüber: Der Eselspinguin ist die drittgrößte Pinguinart nach dem Kaiser- und dem Königspinguin. Eselspinguine haben einen orangefarbenen Schnabel und einen charakteristischen weißen Streifen quer über dem Scheitel.

Links: Esels- und Kehlstreifpinguine auf einem Eisberg in South Bay vor Trinity Island, nahe der Antarktischen Halbinsel. Manchmal sind verschiedene Pinguinarten zusammen zu beobachten, da sie sich in größeren gemischten Gruppen sicherer fühlen, ebenso wie beispielsweise Wat- und Singvögel. Hier sieht man die verschiedenen Methoden, auf dem Eis voranzukommen; der Vogel ganz oben im Bild hat sich für das Rutschen auf dem Bauch entschieden.

ANDERE VÖGEL IN DER ANTARKTIS

Der Weißgesicht-Scheidenschnabel *(Chionis alba)* gleicht einer Kreuzung zwischen Taube und Möwe. Tatsächlich wird er von Zoologen als Anomalie betrachtet, weil er sich nicht so einfach in die Vogelsystematik einordnen lässt.

Sein Gefieder ist weiß, er hat schwach rosafarbene Lappen im Gesicht, die die Augen umgeben, und eine hornige gelbliche Scheide, die den stumpfen Schnabel mit schwarzer Spitze bedeckt. Seine Beine sind entweder schwach rosafarben oder blaugrau und sehen aus wie die einer Möwe, die Füße sind allerdings nur teilweise mit Schwimmhäuten ausgestattet. Er hat kleine Flügel mit Flügelspornen, die bei Kämpfen eingesetzt werden.

Scheidenschnäbel sind in Kolonien von Pinguinen, anderen Seevögeln und Meeressäugern zu finden, wo sie als eine Art Müllabfuhr fungieren. Sie fressen fast alle Arten von Nahrung, die sie finden können, beispielsweise tote Küken und zerbrochene Eier, erbeuten aber auch gern die Nahrung der anderen Arten, wie Fische, Tintenfische und Krill, wenn sie zu Boden fällt.

Die Antarktische Halbinsel und Inselketten in der Nähe sind die Heimat dieser Vögel. Sie fliegen eher ungern, wahrscheinlich ein instinktives Verhalten, damit sie nicht auf das Meer hinausgeweht werden. Unter günstigen Bedingungen jedoch fliegen sie kräftig über offenes Wasser. Auch auf vorbeiziehenden Schiffen fahren sie gerne mit. Sie nisten auf Felsvorsprüngen in der Nähe ihrer Nahrungsquelle und ziehen meistens ein bis zwei Küken auf, bei gutem Nahrungsangebot legen sie auch drei bis vier Eier.

Die Antarktische Skua *(Catharacta maccormicki)* ist der am südlichsten vorkommende Vogel. Sein gesamtes Verbreitungsgebiet liegt innerhalb des südlichen Polarkreises, und er lebt entlang der gesamten Küste von Antarktika. Der Vogel hat eine möwenartige Körperform, sein Gefieder ist jedoch von einem warmen Braun. Wie der Scheidenschnabel sind diese Raubmöwen unspezifische Aasfresser, greifen jedoch auch gern Seevögelkolonien an, um Küken und Eier zu rauben. Sie fangen auch andere Vögel im Flug ab und bringen sie dazu, ihr Futter fallen zu lassen. Sie sind die Piraten am antarktischen Himmel.

Eine ähnliche Art, der Braune Skua *(Catharacta lonbergii)*, ist schwärzlich gefärbt und weiter nördlich verbreitet, von der Halbinsel bis auf viele der subantarktischen Inseln und Inselketten. Es gibt auch eine Möwenart, die Dominikanermöwe *(Larus dominicanus)*, die in Erscheinung und Verhalten der Mantelmöwe auf der Nordhalbkugel stark ähnelt. Sie hat ein ähnliches Verbreitungsgebiet wie die Antarktische Skua.

Oben: Raubmöwen sind die Piraten der Lüfte. Sie bedrängen andere Seevögel, bis sie ihre Beute (Fisch, Tintenfisch oder Krill) fallen lassen. Dies ist die Antarktische Skua.

Gegenüber: Sturmvögel stehen durch ihre vornehmere Art in deutlichem Kontrast zu den aggressiven Raubmöwen. Dieser reinweiße Vogel heißt passenderweise Schneesturmvogel. Das Gefieder dient als Tarnung während der Nistzeit auf verschneiten Klippenvorsprüngen.

Sowohl die antarktische Antipodenseeschwalbe als auch die Küstenseeschwalbe sind auf der Antarktischen Halbinsel zu finden. Die Antipodenseeschwalbe *(Sterna vittata)* nutzt die Halbinsel und subantarktische Inseln in den Sommermonaten zum Brüten und zieht dann im Winter nach Norden. Die Küstenseeschwalbe *(Sterna paradisaea)* schlägt ihr Winterquartier in der antarktischen Packeiszone auf, nachdem sie sechs Monate zuvor in der Arktis gebrütet hat. Beide Arten sehen sich ähnlich, aber die Antipodenseeschwalbe trägt ihr Sommergefieder, während die Küstenseeschwalbe im Winterkleid zu sehen ist.

Seeschwalben ernähren sich von kleinen Fischen und Krill, die sie auf Flachtauchgängen erbeuten. Sie nisten an Stränden und Dünen in Küstennähe, wobei Eier und Küken sehr wirkungsvoll getarnt sind.

Die Blauaugenscharbe *(Phalacrocorax atriceps)* ist ein typisches Mitglied der Kormoran-Familie. Sie brütet in Kolonien auf vorgelagerten Felsinselchen.

Ihr Nest baut sie aus Strandgut, Treibholz und Federn, die mit Guano zu einem Hügel zusammenzementiert werden. Alt- und Jungvögel ernähren sich von Fischen, Tintenfischen und Krill. Die Blauaugenscharbe ist auf der Oberseite schwarz und unterseits weiß. Sie hat leuchtend rosafarbene, fleischige Stellen im Gesicht, rosa Füße und hellblaue Augenringe, was sie zu einem der farbenprächtigsten Vögel der Antarktis macht.

Einige Seevögel zählen zur Ordnung der Röhrennasen, da sie röhrenförmige Nasenlöcher haben. Zu ihnen gehören Albatrosse, Sturmvögel, Eissturmvögel, Walvögel, Sturmtaucher, Sturmschwalben und Tauchsturmvögel – alle auch in der Antarktis vertreten. Mithilfe zweier auf dem Schnabel aufsitzender Nasenröhren wird das salzige Abwasser ausgeschieden. Durch diese Besonderheit konnten diese Vögel Meeresumgebungen erobern, in denen andere Vögel eingehen würden.

Der Antarktissturmvogel *(Thalassoica antarctica)*, der Taubensturmvogel *(Pachyptila desolata)* und der Schneesturmvogel *(Pagodroma nivea)* sind drei Arten, die sogar in der Antarktis brüten. Besonders der Schneesturmvogel ist ein echter „Schnee-und-Eis-Vogel". Er gräbt sich sogar durch den Schnee, um den Boden freizulegen und zu nisten. Alle Röhrennasen ernähren sich von Fischen, Tintenfischen, Krill und Zooplankton. Viele folgen auch Trawlern und Walfängern, um die Fischabfälle im Kielwasser der Fische aufzusammeln.

Die Buntfuß-Sturmschwalbe *(Oceanites oceanicus)* ist einer der bestandreichsten Seevögel der Welt, zu dessen Verbreitungsgebiet auch der Südliche Ozean gehört. Sie ist ein drosselgroßer Vogel, der sich auf Nahrung spezialisiert hat, für die sich andere Seevögel in der Regel wegen der geringen Größe nicht interessieren. Sturmschwalben bevorzugen raue Witterungen, die Zooplankton an die Meeresoberfläche bringen.

Der einzige Sing- oder Baumvogel in der Antarktis ist der in Südgeorgien beheimatete Riesenpieper *(Anthus antarcticus)*. Er ähnelt stark den europäischen Klippen- und Strandpiepern, mit denen er den Gattungsnamen teilt. Diese Bodennister ernähren sich von Insekten und anderen kleinen Wirbellosen im Binnenland oder an der Küste.

Links: Diese Antipodenseeschwalbe trägt an einem Bein einen Ring. Die Beringung ist eine wichtige Methode bei der Erforschung des Zugverhaltens von Vögeln. Das Tier wurde als Jungtier im Nest Tausende von Kilometern weiter nördlich in der Arktis beringt.

Unten: Die Dominikanermöwe ähnelt stark der auf der Nordhalbkugel vorkommenden Mantelmöwe. Sie gehört zur selben Gattung und zeigt ein ähnliches Verhalten. Sie ernährt sich überwiegend von Aas und frisst alles, was sie verschlingen kann.

Oben: Viele Seevögel auf der Wasseroberfläche deuten auf einen Fischschwarm hin. Hier kämpfen unterschiedliche Arten um Nahrung, unter Wasser werden wahrscheinlich weitere Räuber ihr Glück versuchen. Hier sind Albatrosse, Möwen und Sturmvögel mit von der Partie.

Rechts: Ein Wanderalbatros im Flug über Gewässer vor der Insel Südgeorgien. Wanderalbatrosse können wochenlang ohne Pause in der Luft bleiben, indem sie auf aufsteigenden Thermikströmungen dahingleiten. Sie haben die längste Flügelspannweite aller Vögel – bis zu 3,60 m. Albatrospaare ziehen alle zwei Jahre ein einzelnes Küken auf.

POLARREGIONEN IM VERGLEICH

ARKTIS

- Als erster Mensch, der den geografischen Nordpol erreichte, gilt allgemein der US-amerikanische Forscher Robert Peary (1856–1920), der am 6. April 1909 dort ankam.
- Die Arktis ist ein von Kontinenten umgebenes Meer.
- Das arktische Meereis lagert sich über mehrere Jahre an.
- Landeis ist in begrenzten Gebieten zu finden, die größte Fläche ist der Grönländische Eisschild.
- Die maximale Ausdehnung des Meereises beträgt 15 Mio. km^2.
- Eisberge entstehen durch das Kalben von Gletschern in den Sommermonaten.
- Die Höhe des Meereises über dem Meeresspiegel am Nordpol beträgt 1 m.
- Die Jahresdurchschnittstemperatur am Nordpol beträgt –20 °C.
- Der höchste Punkt der Arktis liegt in Grönland – Gunnbjornsfjeld, 3700 m.
- Die durchschnittliche Stärke des arktischen Packeises beträgt 3–6 m.
- Meeresströmungen bringen warmes Wasser aus dem Atlantik und dem Pazifik in die Arktis.
- Es gibt zahlreiche Landsäuger in der Arktis. Die meisten ziehen im Winter nach Süden oder halten Winterschlaf.
- Die Arktis ist in den Sommermonaten in großen Teilen eis- und schneefrei. Eine vielfältige Flora ist hier beheimatet.
- Die Flora bietet zahlreichen Säugetieren und Vögeln Lebensraum und Nahrung.
- Es gibt eingeborene Völker mit langen Kulturgeschichten auf allen Kontinenten innerhalb des nördlichen Polarkreises.
- 15 Mio. Menschen leben ständig in der Arktisregion.
- Acht Länder besitzen Teile der Arktis: Norwegen, Schweden, Finnland, Russland, USA, Kanada, Dänemark (Grönland) und Island.
- Ressourcen wie Öl, Gas, Mineralien, Holz, Süßwasser, Fische und Tierprodukte werden in der Arktis kommerziell genutzt.

ANTARKTIS

- Der erste Mensch, der den geografischen Südpol erreichte, war der norwegische Forscher Roald Amundsen (1872–1928), der am 14. Dezember 1911 dort ankam.
- Die Antarktis ist ein von einem Meer umgebener Kontinent.
- Das antarktische Meereis lagert sich jährlich an und lässt den Kontinent auf mehr als doppelte Größe wachsen.
- Über 97 % der antarktischen Landmasse ist vom durchgehenden Antarktischen Eisschild bedeckt.
- Die maximale Ausdehnung des Meereises beträgt 18 Mio. km^2.
- Eisberge entstehen durch kalbende Gletscher und Schelfeis während des gesamten Jahres.
- Die Höhe über dem Meeresspiegel beträgt am Südpol 2835 m.
- Die Jahresdurchschnittstemperatur am Südpol beträgt –57 °C.
- Der höchste Punkt südlich des südlichen Polarkreises ist Mount Vinson (4897 m).
- Die durchschnittliche Stärke des antarktischen Packeises beträgt 2134 m.
- Sturmwinde im Südlichen Ozean um Antarktika erzeugen eine kräftige Meeresströmung, die den Kontinent umkreist.
- Es gibt keine Landsäuger auf Antarktika.
- Im antarktischen Binnenkontinent taut es niemals, die Flora beschränkt sich auf wenige Arten.
- Die Antarktis hat keine vergleichbare Vegetationszone.
- Es gibt keine Aufzeichnungen über einheimische Völker auf Antarktika.
- Es gibt keine ständige menschliche Bevölkerung auf Antarktika, nur vorübergehende Aufenthalte von Wissenschaftlern, Forschern und anderen Besuchern. Die Zahl schwankt zwischen 2500 im Winter bis über 30 000 im Sommer.
- Teile von Antarktika werden von vielen Staaten beansprucht, der Kontinent gilt jedoch als internationaler Besitz.
- Die natürlichen Ressourcen innerhalb des südlichen Polarkreises dürfen nicht kommerziell genutzt werden.

FAKTEN DER POLARREGIONEN

ARKTIS

- Das größte arktische Eisschelf, das Ward-Hunt-Schelfeis vor der Ellesmere-Insel, ist 72 km lang und 20 km breit.
- Der Arktische Ozean ist das kleinste der fünf Meere und den größten Teil des Jahres über gefroren.
- Die durchschnittliche Tiefe des Arktischen Ozeans beträgt 1038 m.
- Der tiefste Punkt im Arktischen Ozean liegt bei 5450 m im Eurasischen Becken.
- Das arktische Meereis ist im Durchschnitt 3 m dick.
- Der Juli ist der wärmste Monat in der Arktis, und die Temperaturen steigen auf 0 °C, im Februar kann die Temperatur auf –40 °C abfallen.
- In der Arktis leben schätzungsweise 22 000–26 000 Eisbären, 60 % davon auf kanadischem Territorium.
- Eisbären haben zwei Fellschichten, die gegen die bittere arktische Kälte isolieren. Unter optimalen Bedingungen ist ihre Fettschicht bis zu 11,40 cm dick.
- Während des Winterschlafs sinkt die Körpertemperatur des Arktischen Ziesels von 37 °C auf –3,1 °C, also unter den Gefrierpunkt. Das ist die niedrigste gemessene Körpertemperatur aller lebenden Säugetiere.
- Braunbären sind gewöhnlich Einzelgänger, aber an manchen Orten in Südost-Alaska, wo es reichlich Nahrung gibt, steigt die Populationsdichte gelegentlich auf bis zu einem Bär pro Quadratmeile.
- Karibus sind ständig in Bewegung und wandern teilweise mehr als 4800 km pro Jahr. Es gibt fast doppelt so viele Karibus wie Menschen in Alaska.
- Kojoten jagen oft im Rudel und können in Sprints bis zu 64 km/h erreichen, was der Beute das Entkommen erschwert.
- Polarhasen können mit bis zu 60 km/h springen.
- Die Küstenseeschwalbe unternimmt den längsten Vogelzug aller Vögel, fast von Pol zu Pol. Der Vogel brütet innerhalb des nördlichen Polarkreises und zieht während des Winters auf der Nordhalbkugel bis zu den äußeren Rändern des antarktischen Packeises. Pro Jahr legt er eine Strecke von 35 000 km zurück, fast einmal um die Welt.

ANTARKTIS

- Der längste Gletscher der Welt ist mit 515 km der Lambert-Fisher-Gletscher auf Antarktika.
- Das größte Eisschelf der Welt ist mit 1287 km Länge und 800 km Breite das Ross-Schelfeis vor Antarktika.
- Antarktika ist der trockenste Kontinent der Erde. Die Luftfeuchtigkeit liegt unter der in der Wüste Sahara.
- Auf Antarktika befinden sich 70 % des Süßwassers der Welt.
- Antarktika stellt 90 % des Eises der Welt.
- Am Südpol gefallener Schnee braucht etwa 100 000 Jahre, bis er in Form eines Gletschers die Küste von Antarktika erreicht, wo er als Teil eines Eisbergs ins Meer bricht.
- Antarktika ist 1,4-mal größer als die USA, 58-mal größer als Großbritannien und sogar größer als Australien und Europa.
- Weniger als 1 % von Antarktika ist eisfrei.
- Auf Antarktika befinden sich der kälteste, der windigste und der trockenste Ort der Erde.
- Die Mawson-Forschungsstation auf Antarktika ist der windigste Ort der Erde. Häufig werden Böen von bis zu 248,4 km/h verzeichnet.
- Die Vostok-Forschungsstation in der Antarktis zeichnete die tiefste Temperatur der Erde auf: –89,2 °C.
- 1959 unterschrieben zwölf Länder den Antarktisvertrag, der die Antarktis über Gebietsansprüche hinaus zu einem Gebiet des Friedens und der Wissenschaft erklärte.
- Wissenschaftler der British Antarctic Survey entdeckten in den frühen 1980er-Jahren als Erste das Ozonloch über der Antarktis.
- Auf Antarktika entdeckte Fossilien von Pflanzen und Tieren zeigen, dass der Kontinent einmal ein wärmeres Klima hatte und nicht immer am Südpol lag. Er ist im Laufe der Zeit infolge tektonischer Plattenbewegungen dorthin getrieben.
- Über 80 % der Vögel in der Antarktisregion sind Pinguine.
- Pinguine können den Blutfluss durch ihre Unterhautfettschicht steuern. Bei sehr großer Kälte fließt fast kein Blut durch das Fett, wenn es warm ist, erhöht sich dagegen der Blutfluss, um die Vögel abzukühlen.
- Ein Blauwal kann 50 t Wasser und Krill im Maul aufnehmen, verschluckt jedoch nur den Krill.

REGISTER

Bildnachweis

© Corbis:
Theo Allofs/zefa 168–169; James L. Amos 33 *(rechts)*; Remi Benali 86–87 *(links)*; Patrick Bennett 24–25; Gary Braasch 54; Tom Brakefield 50–51 *(links)*, 134–135; Alan & Sandy Carey/zefa 142–143 *(rechts)*; Brandon D. Cole 95; John Conrad 131, 133 *(rechts)*; W. Perry Conway 120–121, 128–129 *(rechts)*, 170–171 *(links)*, 250–251 *(rechts)*; Daniel J. Cox 124–125 *(links)*; Tim Davis 240–241; Michael DeYoung 123; Stuart P. Donachie – Ecoscene 188; Julio Donoso/Corbis Sygma 139 *(unten rechts)*; Orjan F. Ellingvag 80–81; epa 60–61 *(rechts)*; Natalie Fobes 153 *(links)*; Albert Gea/Reuters 92–93 *(rechts)*; Raymond Gehman 36–37 *(rechts)*; Goebel/zefa 196–197 *(rechts)*, 213; Farrell Grehan 58–59 *(rechts)*; Darrell Gulin 145, 154–155, 162–163; Dan Guravich 110–111 *(links)*, 114; Peter Guttman 70–71 *(links)*, 84–85 *(rechts)*; Ann Hawthorne 200–201 *(rechts)*, 209; Rob Howard 65; Hrafnsson Gisli Egill/Corbis Sygma 27; Hulton-Deutsche Collection 83 *(links)*, 208 *(unten)*; Peter Johnson 191, 232–233; Wolfgang Kaehler 235, 238–239, 242, 243, 247; Catherine Karnow 72 *(unten)*; Karen Kasmauski 78–79 *(links)*; Steve Kaufman 147 *(rechts)*, 159 *(unten rechts)* 172–173; David Keaton 20; Layne Kennedy 34–35, 66–67; Frank Krahmer/zefa 182–183; Bob Krist 2–3, 202–203; Frans Lanting 210–211, 214–215; Frans Lemmens/zefa 246; George D. Lepp 104–105; Frank Lukasseck/zefa 248–249; Mary Ann McDonald 62–63; Charles Mauzy 40–41 *(links)*; Momatuik-Eastcott 42–43, 216–217; Aurthur Morris 165 *(links)*; NASA 194; NASA/epa 200 *(links)*; John Noble 184–185; Pat O'Hara 56–57 *(links)*; Herbert G. Ponting 208 *(links)*; Rick Price 150–151 *(rechts)*, 186–187, 198–199, 212 *(links)*; Hans Reinhard/zefa 47; Reuters 180 *(links)*; Jenny E. Ross 125 *(unten)*; Galen Rowell 52–53 *(rechts)*, 72 *(links)*, 137 *(unten)*, 177, 178–179, 190, 204–205 *(rechts)*, 212 *(unten)*; Ron Sandford 87 *(oben rechts)*, 150 *(links)*; Kevin Schafer 102–103, 117, 206, 230–231; Denis Scott 100–101; Michael T. Sedam 68 *(links)*; Paul A. Souders 4–5, 7, 106–107 *(links)*, 112–113, 180–181 *(rechts)*, 189, 193, 219, 224–225, 228, 236–237, 244–245; Stapleton Collection 82, 83 *(unten)*; Hans Strand 32–33 *(Mitte)*, 38–39*(rechts)*, 57 *(rechts)*, 118–119, 158–159 *(links)*; Geray Sweeney 55 *(links)*; Tom Van Sant/Geosphere 8, 9, endpapers; Brian A. Vikander 137 *(links)*; Kennan Ward 16–17, 98–99, 109, 125 *(links)*, 126–127, 160, 165 *(unten)*; Stuart Westmorland 41 *(rechts)*, 91, 96–97 *(links)*; Nik Wheeler 76–77; Staffan Widstrand 68–69 *(rechts)*, 71 *(rechts)*, 122 *(unten)*, 132–133 *(links)*, 138–139 *(links)*, 140–141.

© istockphoto.com:
Terry Alexander 160 *(links)*; Alohaspirit 10 *(oben)*; AVTG (eisige Gewässer) 1, 18–19, 174–175, 252–253; David Becker 36 *(links)*; Vera Bogaerts 15 *(links)*, 195 *(links)*; Robert Bogue 60 *(oben links)*; Bill Booth 52 *(links)*; Ian Bracegirdle 26; Greg Brzezinski 226; Jason Cheever 164; Andrew Dawson 44–45; Pam Dolby 30–31; Austin Dunlap 136; Erik Eilers 196 *(links)*; Jami Garrison 97 *(rechts)*; Global Exposure 142 *(oben links)*; Laurence Gough 79 *(oben rechts)*; Carl Hancock 130 *(oben)*; E. B. Harding 28 *(oben)*; Susan Harris 107 *(rechts)*; Karla Hart 111 *(rechts)*; Jon Helgason 26 *(unten)*; Stephan Hoerold 22–23 *(oben)*, 74–75; Kolbjørn Hoseth 28–29 *(rechts)*, 72–73 *(rechts)*; Andrew Howe 157 *(unten)*; Vebjørn Karlsen 115 *(links)*; Oleg Kozlov 36 *(unten)*; Roman Krochuck 12–13; Eveniya Lazareva 223 *(links)*; Julie de Leseleuc 128 *(links)*; Frank Leung 14 *(unten)*; Tom Lewis 144; Joe Lindsay 10 *(unten)*; Peter Llewellyn 171 *(rechts)*; Elisa Locci 11 *(unten)*, 88 *(unten links)*; Randy Mayes 167; James Metcalf 108; Sandra Minarik 94; Mlenny 87 *(unten rechts)*; Mike Morley 250 *(unten links)*; Nancy Nehring 55 *(unten)*; Hrolfur Olafsson 79 *(unten rechts)*; Dirk Paessler 23 *(unten)*; Rob Pavey 48–49, 156, 159 *(oben rechts)*; Rich Phalin 161; Marcelo Pinheiro 130 *(unten)*; Artis Rams 195 *(unten)*; Rdsherwood 166; Robh 58 *(links)*; Ashok Rodrigues 14–15 *(links)*; Patrick Roherty 15 *(unten)*, 227; Fanelle Rosier 92 *(links)*; Ranier Schmittchen 115 *(rechts)*; Wolfgang Schoenfeld 11 *(links)*; Shaunl 84 *(oben links)*; Silense 204 *(links)*; Nico Smit 250 *(oben links)*; Robert St. Coeur 60 *(unten links)*; Step2626 147 *(links)*; Jose Tejo 229; Steven Tulissi 146; Lisa Vanovitch 38 *(links)*; Peter Van Wagner 51 *(rechts)* 122 *(links)*; Christopher Walker 88 *(oben links)*; Jerome Wittingham 148, 152–153 *(links)*, 157; Rob Zelier 139 *(links)*.

© SeaPics.com:
Doug Perrine 222–223 *(unten)*; Robert L. Pitman 220–221.

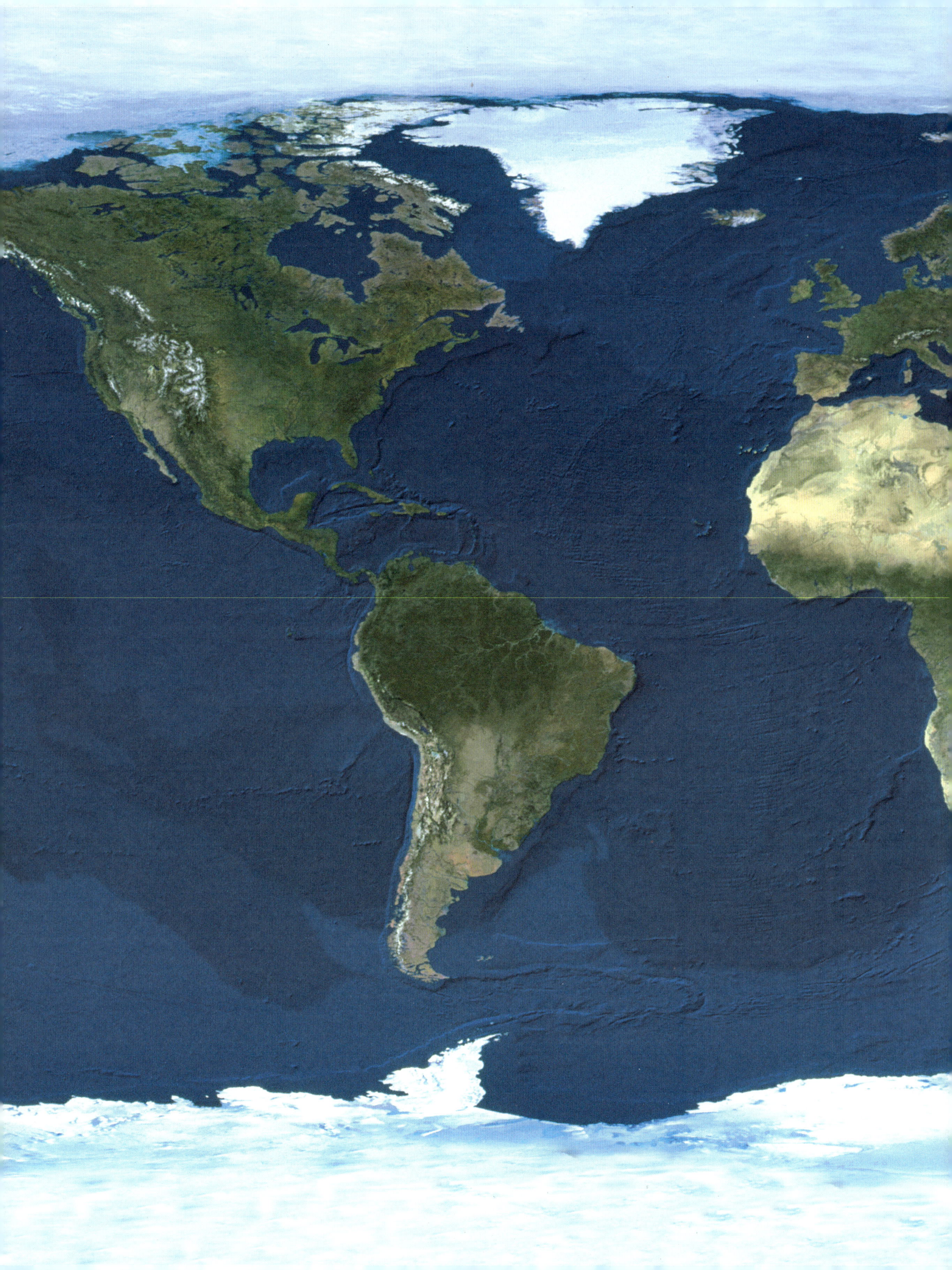